建筑工人岗位培训教材

幕墙制作工

本书编审委员会　编写

刘长龙　主编

中国建筑工业出版社

图书在版编目（CIP）数据

幕墙制作工/《幕墙制作工》编审委员会编写. —北京：
中国建筑工业出版社，2018.10
建筑工人岗位培训教材
ISBN 978-7-112-22674-0

Ⅰ.①幕… Ⅱ.①幕… Ⅲ.①幕墙-室外装饰-工程施工-岗位
培训-教材 Ⅳ.①TU767.5

中国版本图书馆 CIP 数据核字（2018）第 206361 号

　　本教材是建筑工人岗位培训教材之一。按照新版《建筑装饰装修职业
技能标准》的要求，对幕墙制作工初级工、中级工和高级工应知应会的内
容进行了详细讲解，具有科学、规范、简明、实用的特点。
　　本教材主要内容包括：建筑幕墙基础知识，幕墙基本加工操作，幕墙
构件加工制作，幕墙面板加工制作，幕墙组件加工制作，成品和半成品保
护措施，幕墙加工安全与防护，习题。
　　本教材适用于幕墙制作工职业技能培训，也可供相关职业院校实践教
学使用。

　　责任编辑：高延伟　李　明　葛又畅
　　责任校对：姜小莲

建筑工人岗位培训教材
幕墙制作工
本书编审委员会　编写
刘长龙　主编

＊

中国建筑工业出版社出版、发行（北京海淀三里河路 9 号）
各地新华书店、建筑书店经销
北京红光制版公司制版
天津翔远印刷有限公司印刷

＊

开本：850×1168 毫米　1/32　印张：6　字数：160 千字
2018 年 12 月第一版　2018 年 12 月第一次印刷
定价：**19.00** 元
ISBN 978-7-112-22674-0
（32792）

建筑工人岗位培训教材
编审委员会

出　版　说　明

国家历来高度重视产业工人队伍建设，特别是党的十八大以来，为了适应产业结构转型升级，大力弘扬劳模精神和工匠精神，根据劳动者不同就业阶段特点，不断加强职业素质培养工作。为贯彻落实国务院印发的《关于推行终身职业技能培训制度的意见》（国发〔2018〕11号），住房和城乡建设部《关于加强建筑工人职业培训工作的指导意见》（建人〔2015〕43号），住房和城乡建设部颁发的《建筑工程施工职业技能标准》、《建筑工程安装职业技能标准》、《建筑装饰装修职业技能标准》等一系列职业技能标准，以规范、促进工人职业技能培训工作。本书编审委员会以《职业技能标准》为依据，组织全国相关专家编写了《建筑工人岗位培训教材》系列教材。

依据《职业技能标准》要求，职业技能等级由高到低分为：五级、四级、三级、二级、一级，分别对应初级工、中级工、高级工、技师、高级技师。本套教材内容覆盖了五级、四级、三级（初级、中级、高级）工人应掌握的知识和技能。二级、一级（技师、高级技师）工人培训可参考使用。

本系列教材内容以够用为度，贴近工程实践，重点突出了对操作技能的训练，力求做到文字通俗易懂、图文并茂。本套教材可供建筑工人开展职业技能培训使用，也可供相关职业院校实践教学使用。

为不断提高本套教材的编写质量，我们期待广大读者在使用后提出宝贵意见和建议，以便我们不断改进。

本书编审委员会

2018 年 6 月

前　言

党的十九大报告提出要"建设知识型、技能型、创新型劳动者大军，弘扬劳模精神和工匠精神，营造劳动光荣的社会风尚和精益求精的敬业风气"。在 2017 年 9 月印发的《中共中央 国务院关于开展质量提升行动的指导意见》中，提出了健全质量人才教育培养体系，加强人才梯队建设，完善技术技能人才培养培训工作体系，培育众多"中国工匠"等要求。弘扬工匠精神，培育大国工匠，是实施质量强国战略的需要。国务院办公厅《关于促进建筑业持续健康发展的意见》（国办发〔2017〕19 号）中也提出了"加强工程现场建筑工人的教育培训。健全建筑业职业技能标准体系，全面实施建筑业技术工人职业技能鉴定制度"和"大力弘扬工匠精神，培养高素质建筑工人"要求。

按照住房和城乡建设部《关于加强建筑工人职业培训工作的指导意见》（建人〔2015〕43 号）等文件要求，为实现"到 2020 年，实现全行业建筑工人全员培训、持证上岗"的目标，按照住建部有关部门要求，由中国建设教育协会继续教育委员会会同江苏省住房和城乡建设厅执业资格考试与注册中心等组织国内行业知名企业专家、高级技师和院校学者、老师以及一线具有丰富工程施工操作经验人员，根据《建筑装饰装修职业技能标准》JGJ/T 315—2016 的具体规定，共同编写这本建筑工人岗位培训教材。

本书以实现全面提高建设领域职工队伍整体素质，加快培养具有熟练操作技能的技术工人，尤其是加快提高建筑工人职业技能水平，保证建筑工程质量和安全，促进广大建筑工人就业为目标，以建筑工人必须掌握的"基层理论知识"、"安全生产知识"、

"现场施工操作技能知识"等为核心进行编制,本书系统、全面、技术新、内容实用,文字通俗易懂,语言生动简洁,辅以大量直观的图表,非常适合不同层次水平、不同年龄的建筑工人在职业技能培训和实际施工操作中应用。

本书由刘长龙主编,南京环达装饰工程有限公司孔令虎、浙江亚厦幕墙有限公司余正阳、云南远鹏装饰设计工程有限公司那红勇、南京广博装饰股份有限公司李高、江苏鸿升装饰工程有限公司罗士荣、山东美达建工集团股份有限公司胡方巧、中建鼎元建设工程有限公司程得明、江苏广源幕墙装饰工程有限公司徐伟强、德韦斯(上海)建筑材料有限公司朱国强参与编写。

限于编者水平,虽经多次审校,书中错误与不当之处在所难免,敬请广大同仁与读者不吝指正,在此谨表谢忱!

目　　录

一、建筑幕墙基础知识

建筑幕墙是由面板与支承结构体系组成，具有规定承载能力、变形能力和适应主体结构位移能力，不分担主体结构所受作用的建筑外围护墙体结构或装饰性结构。

建筑幕墙具有以下三个特点：

（1）具有面板与支承结构体系。

（2）能适应主体结构位移，能直接承受外部荷载并传递给主体结构，且自身有一定的变形能力。

（3）不承担主体结构传递的荷载。

上述特点，也是判断建筑外围护墙体是否属于建筑幕墙的依据。

（一）幕 墙 分 类

依据国家标准《建筑幕墙》GB/T 21086—2007 及《建筑幕墙术语》GB/T 34327—2017 的规定，建筑幕墙主要按支承结构形式、密闭形式、面板材料、面板支承形式及单元部件间接口形式进行分类。

同一建筑幕墙工程项目通常有多种建筑幕墙形式，同一建筑幕墙形式一般又有多种分类方式。按主要支承结构、面板材料、面板支承形式分类，是国内建筑幕墙行业较为常用的形式。

（二）幕 墙 构 造

幕墙的主要构造是由玻璃、金属板、石材或人造板等构成的

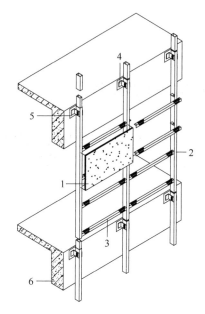

幕墙面板构件连接在由横梁和立柱构成的受力框架上，一般直接悬挂或坐落在主体结构上。悬挂的立柱下端有一个套接的活动接头（插芯），它可以限制立柱下端在水平方向的移动，但可以使立柱在变形尺寸许可范围内上下滑动，以消除因温度变化和主体结构层间变化而产生的系统内应力。立柱的悬挂连接一般采用铰接连接（图1-1）。

1. 构件式玻璃幕墙

构件式玻璃幕墙按面板支承框架显露程度可分为隐框玻璃幕墙、半隐框玻璃幕墙、明框玻璃幕墙三种

图 1-1 幕墙组成示意

1—面板；2—立柱；3—横梁；4—连接件；

5—预埋件；6—主体结构

形式。

（1）隐框玻璃幕墙

隐框玻璃幕墙是横向和竖向框架构件不显露于面板室外侧的建筑幕墙。立柱、横梁及结构装配玻璃组件的铝合金副框均隐于玻璃后面，玻璃外侧无任何构件，形成一个大面积玻璃墙面（图1-2）。

（2）半隐框玻璃幕墙

半隐框玻璃幕墙是横向或竖向框架构件不显露于面板室外侧的幕墙，分为横明竖隐和横隐竖明两种形式（图1-3）。

（3）明框玻璃幕墙

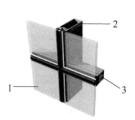

图 1-2 隐框玻璃幕墙构造示意

1—玻璃面板；2—立柱；

3—横梁

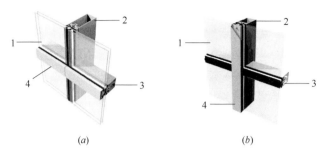

（a）　　　　　　　　　　　（b）

图 1-3　半隐框玻璃幕墙构造示意

（a）横明竖隐；（b）横隐竖明

1—玻璃面板；2—立柱；3—横梁；4—盖板

　　明框玻璃幕墙是横向和竖向框架构件显露于面板室外侧的幕墙（图 1-4）。

2. 单元式幕墙

　　单元式幕墙是由面板与支承框架在工厂制作完成的不小于一个楼层高的幕墙结构基本单位，直接安装在主体结构上组合而成的框支承建筑幕墙（图 1-5）。

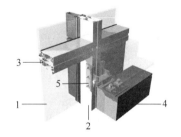

图 1-4　明框玻璃幕墙
构造示意

1—玻璃面板；2—立柱；
3—横梁；4—盖板

图 1-5　单元式玻璃幕
墙构造示意

1—玻璃面板；2—竖龙骨；3—横龙骨；
4—主体结构；5—连接系统

　　单元式幕墙结构形式特点是：首先将构成幕墙的构件（面板、支承装置和支承构件等）在专门的工厂中装配成不小于一个楼层高度的幕墙结构基本单位，然后将其运送至施工现场。在施工现场只需将幕墙单元依次安装固定在建筑的主体结构上。

单元式幕墙的优点是加工、制作及组装精度高，施工现场安装简便、快速，缩短施工周期；缺点是运输和存放不方便，施工现场吊装要求高，容易造成损坏。

3. 点支承玻璃幕墙

点支承玻璃幕墙是由玻璃面板、点支承装置和支承结构构成的建筑幕墙。点支承装置常用的有驳接系统和夹具系统等。驳接系统有 X 形、十字形、I 形等形式，夹具系统也有矩形、正方形、菱形、爪件式、夹板式、梅花式等形式，其具体规格尺寸和外形等可由设计确定或按厂家产品标准系列进行选用（图 1-6）。

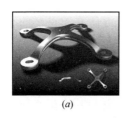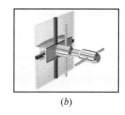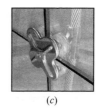

(*a*)   (*b*)   (*c*)

图 1-6 常用点支承装置示意

(*a*) 爪件式；(*b*) 夹板式；(*c*) 梅花式

驳接系统由驳接爪及驳接头组成，无论何种形式的驳接爪，均是圆孔在上，长圆孔在下。驳接头内有万向球铰，用以适应面板或支撑结构的变形；夹具系统一般由支座、内压板和外盖板组成（图 1-7）。

点支承玻璃幕墙钢结构支承结构包括单柱式、钢桁架式、拉杆桁架式等形式；索结构支承结构包括单向竖索、单层索网、索桁架、自平衡索桁架等多种形式（图 1-8）。

4. 石材幕墙

石材幕墙是指面板材料为天然建筑石材的建筑幕墙。石材面板宜选用花岗岩，也可选用大理石、石灰岩、石英砂岩等，石材连接用挂件应选用不锈钢或铝合金材料，支承结构可选用钢或铝合金材料等。

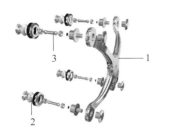 

（a）   （b）

图 1-7　常用点支承装置构造示意

（a）爪件式；（b）夹板式

1—驳接爪；2—驳接头；3—万向球铰；4—外盖板；

5—内压板；6—球铰装置；7—EDPM 垫圈；8—活动隔板

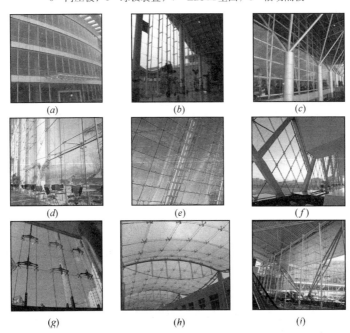

（a）　　　　　　　　（b）　　　　　　　　（c）

（d）　　　　　　　　（e）　　　　　　　　（f）

（g）　　　　　　　　（h）　　　　　　　　（i）

图 1-8　常见支承结构示意

（a）单柱式；（b）钢架式；（c）钢桁架式；（d）拉杆式；

（e）索桁架式；（f）单索式；（g）玻璃肋板式；

（h）混合结构体系式；（i）自平衡式

（1）石材与主体结构连接方法

石材作为建筑工程的饰面材料，其与主体结构的连接方式比较常见的有湿贴法、干挂法、无龙骨干挂法三种。湿贴法、无龙骨干挂法下连接的石材与主体结构由于没有结构支承体系，不具备幕墙的特征条件，不能称为幕墙，只能定义为建筑饰面工程；干挂法又称为空挂法，是以金属挂件将饰面石材直接吊挂于主体结构外侧的支承结构上，不需要灌浆粘贴（图1-9）。

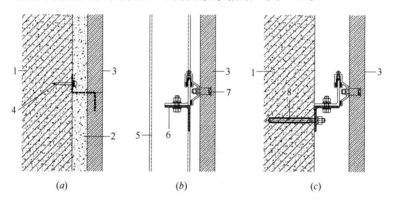

图 1-9　石材与主体结构连接方法
（a）湿贴法；（b）干挂法；（c）无龙骨干挂法
1—混凝土墙体；2—粘贴砂浆；3—石材；4—钢钉固定；5—立柱；
6—横梁；7—石材干挂件（背栓）；8—化学锚栓

（2）石材面板支承形式

石材干挂方式较多，按面板支承形式可分为钢销式、蝴蝶式、T形挂件式、斜挑挂件式、组合挂件式、背栓式、背槽式、背卡式等（图1-10）。

1）钢销式又称销针式，即用钢销针和垫板通过石材面板板材边沿开孔连接。此种干挂方式主要靠销针受力，在销孔处应力比较集中，石材局部易破损且不易更换，板块抗变形能力不好，存在一定缺陷，已被禁止在幕墙工程中使用。

2）蝴蝶式是通过上下石材面板接缝处预先加工出槽口，然

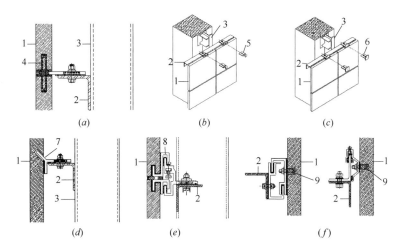

图 1-10　干挂石材主要挂件示意

（a）钢销式；（b）蝴蝶件式；（c）T形挂件式；

（d）斜挑挂件式；（e）组合挂件式；（f）背栓式

1—石材面板；2—横梁；3—立柱；4—钢销；5—蝴蝶挂件；

6—T形挂件；7—斜挑挂件；8—组合挂件；9—背栓

后将蝴蝶形挂件前端插入上、下石材面板的槽内，后端则与主体结构外的横梁龙骨相连接。施工中因其上下翻头厚度和弯度迫使石材面板所切槽口必须加宽，安装时对石材容易造成破损，故不适宜广泛采用。

3）T形挂件式与蝴蝶件式原理基本相同，是一种短（长）槽式挂件系统，其材质主要是经过挤压成型的铝合金材料和经过焊接或机械折弯的不锈钢材料。

蝴蝶式和T形挂件式干挂法由于价格便宜，平整度好，市场占有率较高。但采用此种干挂方式石材破坏率高，可更换性差；另一方面，抗风振、抗地震性能较差，在《建筑幕墙》GB/T 21086—2007中，已经明确"不宜采用"，北京、上海、河北、浙江等省市已将该类挂件列为强制淘汰产品。

4）斜挑挂件式是由主受力平板和前端折弯的斜挑板组成，

不锈钢材质的一般由机械折弯而成，铝合金材质的则为挤压成型。斜挑挂件入槽深度较浅，施工稍有偏差，挑件容易脱出槽口造成板块脱落；石材背部斜向开槽形成尖角容易破损；石材面板采用同向斜挑挂件，竖向地震时，面板容易脱落。由于存在上述安全风险，石材幕墙不宜采用斜挑挂件形式。

5）组合挂件式是由 R 形、S 形、E 形、铝合金转接件组成，是一种短槽式、分离式的挂件系统。

6）背栓式挂件系统一般有铝合金扣挂式和钢铝顶挑式两种结构形式，铝合金扣挂式由背栓和上、下两个铝合金金属挂件组成；钢铝顶挑式由背栓和铝合金金属挂件等肢角钢组成。

5. 金属幕墙

金属幕墙指面板材料为金属板材的建筑幕墙，又称金属板幕墙。金属板幕墙所使用的面材主要有以下几种：单层铝板、单层不锈钢板、铜及铜合金板、彩色涂层钢板、钛锌合金板、铝塑复合板、铝蜂窝复合板、铝合金瓦楞板、钛锌复合板、不锈钢复合板等。

金属板幕墙按面板连接方式主要有角码连接、铝合金副框连接、挂接式、内锁扣、直立锁边、平锁扣、叠梯等形式。当面板厚度大于 1.5mm 时，宜四周折边，采用角码连接、铝合金副框连接、挂接式等形式；当面板厚度小于 1.5mm 时，宜采用直立锁边、平锁扣、叠梯等形式。

（1）角码连接

金属板四周折边，铝合金角码可采用焊接、铆接或在金属板上直接冲压而成与金属板折边端进行牢固可靠连接，在角码上用螺钉机械固定在型钢立柱和横梁上。连接角码的规格尺寸与数量、间距等由设计确定（图 1-11）。

角码连接是金属板幕墙常用连接方式，铝单板、复合金属板等大多采用此种连接形式。

（2）铝合金副框连接

金属板四周折边，铝合金副框可采用焊接、铆接等形式与金

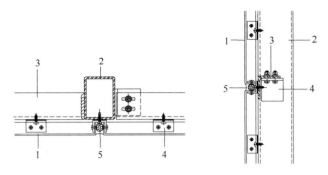

图 1-11　角码连接构造示意

1—单层（复合）金属板；2—立柱；3—横梁；

4—铝合金角码；5—硅酮耐候密封胶

属板折边端进行牢固可靠连接，形成金属板块组件，然后用铝合金压块通过螺钉将金属板块组件机械固定在型钢立柱和横梁上（图 1-12）。

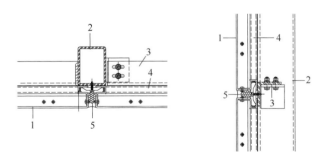

图 1-12　铝合金副框连接构造示意

1—单层金属板；2—立柱；3—横梁；

4—铝合金副框；5—硅酮耐候密封胶

（3）挂接式

挂接式金属板幕墙每块金属板块都是一个独立的系统单元，可独立安装、拆卸和更换。挂接系统主要由金属板周边副框、挂耳、槽形连接件等组成（图 1-13）。

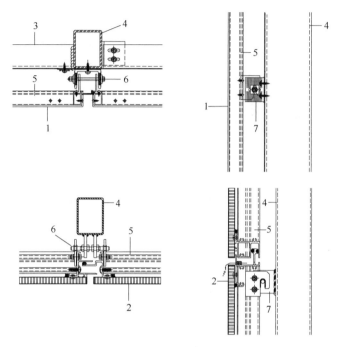

图 1-13　挂接式连接构造示意

1—单层金属板；2—复合金属板；3—横梁；4—立柱；

5—铝合金副框；6—不锈钢螺栓；7—挂钩

（4）内锁扣式

内锁扣式金属板幕墙一般不设置型钢横梁，其构造原理是采用铝合金型材锁扣将辊压冷弯成型的金属板压住，并用螺钉固定在型钢立柱上。内锁扣式金属板幕墙施工安装，原则上宜从下至上进行，适用于壁厚较薄的金属板，采用专门的压型设备在施工现场经辊压冷弯成型，宽度较小，长度可以延展，由金属板材原材规格和设计确定，一般沿水平方向设置（图 1-14）。

（5）直立锁边式

直立锁边式金属板幕墙的核心构成，是经辊压冷弯成型的金属板在肋板边搭接，并与固定在龙骨上的铝合金固定支座咬合成

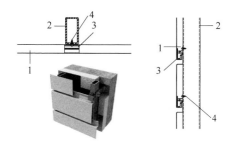

图 1-14 内锁扣式连接构造示意

1—单层金属板；2—立柱；3—铝合金副框（挂钩）；4—不锈钢螺栓

型的幕墙或金属屋面构造系统，其连接方式是采用特有的铝合金固定支座，通过板块与板块的直立锁边咬合形成密合的连接，而咬合边与支座形成的连接方式可解决因热胀冷缩所产生的板块应力，最大优势为，可制作纵向超长尺寸的板块而不因应力影响其变形（图1-15）。

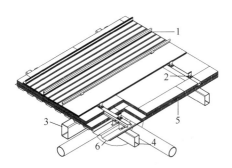

图 1-15 直立锁边式连接构造示意

1—单层金属板；2—T形支座；3—主檩；

4—次檩；5—保温吸声棉；6—钢底板

（6）侧嵌式

侧嵌式金属板幕墙一般需设置型钢立柱和横梁，其构造原理是将辊压冷弯成型的金属板用螺钉固定在型钢立柱或横梁上。侧嵌式金属板幕墙适用于壁厚较薄的金属板，采用专门的压型设备在施工现场经辊压冷弯成型，宽度较小，长度可以延展，由金属板材原材规格和设计确定，一般沿竖向设置（图1-16）。

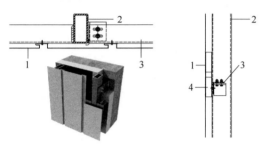

图1-16　侧嵌式连接构造示意

1—单层金属板；2—立柱；3—横梁；4—连接插芯

（7）搭叠式

搭叠式金属板幕墙一般不需设置型钢横梁，其构造原理是将辊压冷弯成型的金属板用螺钉固定在型钢立柱上。搭叠式金属板幕墙适用于壁厚较薄的金属板，采用专门的压型设备在施工现场经辊压冷弯成型，宽度较小，长度可以延展，由金属板材原材规格和设计确定，一般沿水平方向设置（图1-17）。

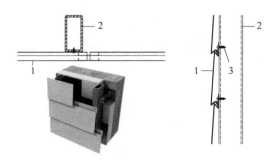

图1-17　搭叠式连接构造示意

1—单层金属板；2—立柱；3—不锈钢螺钉

（8）铝合金封盖式

铝合金封盖式多用于复合金属板构造，其构造原理是用铝合金压条（可通长，也可分段设置）将在工厂已经加工好的复合金属板采用螺钉机械连接在型钢立柱及横梁上，打注硅酮耐候密封胶后，用铝合金盖条扣压在铝合金压条上（图1-18）。

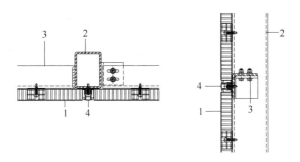

图1-18　铝合金封盖式连接构造示意
1—复合金属板；2—立柱；3—横梁；4—铝合金扣条

（9）定距压块式

定距压块式多用于复合金属板构造，工厂加工时将铝合金连接件（可通长，也可分段设置）铆接在复合金属板的面、背板上，其构造原理是用铝合金压块通过铝合金连接件将复合金属板采用螺钉机械连接在型钢立柱及横梁上，然后打注硅酮耐候密封胶（图1-19）。

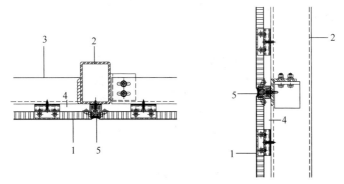

图1-19　定距压块式连接构造示意
1—复合金属板；2—立柱；3—横梁；4—铝合金副框；5—硅酮耐候密封胶

6. 人造板幕墙

人造板幕墙指面板材料采用人造材料或天然材料与人造材料复合制成的人造外墙板（不包括玻璃和金属板）的幕墙。人造板材幕墙按面板种类，可分为瓷板幕墙、陶板幕墙、微晶玻璃板幕墙、石材蜂窝板幕墙、纤维水泥板幕墙、木纤维板幕墙。

人造板材幕墙挂接方式主要包括短挂件连接、通长挂件连接、背面预制螺母连接、背栓连接、穿透支承连接、背面支承连接。

1）瓷板及微晶玻璃板幕墙面板连接系统

挂件支承连接是幕墙面板侧边（上、下面）开槽，再将连接件嵌入瓷板、微晶玻璃板，构成幕墙板块组件，然后安装于承托件上。

背栓连接是在面板背面开背栓孔，将背栓植入该孔后，在背栓上安装连接挂件，中间加弹性非金属垫片，形成幕墙板块组件，然后安装于承托件上（图1-20）。

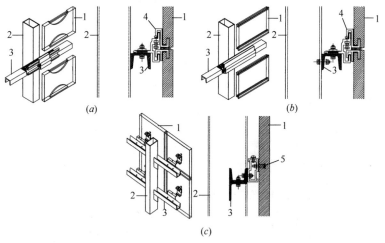

图1-20 背栓连接系统示意

（a）短挂件连接系统；（b）通长挂件连接系统；（c）背栓连接系统
1—幕墙面板；2—立柱；3—横梁；4—组合挂件；5—背栓

2）陶板幕墙面板连接系统

陶板宜采用短挂件连接，也可采用通长挂件连接，短挂件连接方式可分为挂钩挂装、上插接下挂钩挂装（图1-21）。

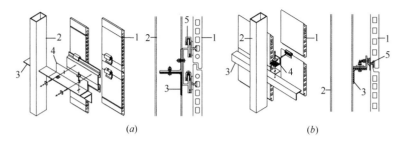

图 1-21 短挂件连接系统示意

（a）挂装式；（b）上插下挂式

1—陶板；2—立柱；3—横梁；4—转接件；5—挂件

3）石材蜂窝板幕墙面板连接系统

石材蜂窝板是由天然石材与铝蜂窝板、钢蜂窝板或玻纤蜂窝板粘结而成的板材，饰面石材薄板可以是任何品种的石材，与传统石材相比，其具有重量轻、强度高、安全性好、美观、加工简便、节能环保等优点。

石材蜂窝板宜通过板材背面预制螺母连接，其构造原理是蜂窝板粘结预制连接螺母，通过螺栓固定于短挂件上，构成幕墙板块组件，然后安装于承托件上。

预制螺母必须在工厂制作时植入，不得现场临时埋设。采用开放式板缝时，石材蜂窝板边部应在工厂内做好封边（图1-22）。

4）纤维水泥板幕墙面板连接系统

纤维水泥板以非石棉的无机矿物纤维、有机合成纤维或纤维素纤维（不包括木屑和钢纤维）单独或混合作为增强材料，以水泥或水泥中渗入硅质、钙质材料为基材制成的外墙非承重用板材，具有绿色环保、安全无害、良好耐久性等特点。宜采用穿透支承连接，也可采用背栓支承连接或通长挂件连接（图1-23）。

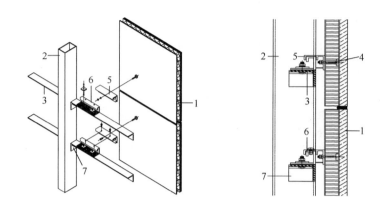

图 1-22　预制螺母连接系统示意

1—石材蜂窝板；2—立柱；3—横梁；4—预制螺母；

5—挂件；6—承托件；7—钢角码

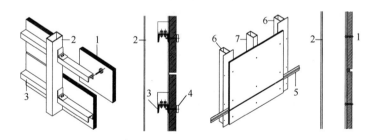

图 1-23　穿透支承连接系统示意

1—纤维水泥板；2—立柱；3—横梁；4—不锈钢装饰钉；

5—V形槽；6—板缝立柱；7—板中立柱

7. 全玻璃幕墙

全玻璃幕墙是指肋板及其支承的面板均为玻璃的幕墙。根据安装构造方式不同，可分为吊挂式和落地式两种形式，主要包括吊挂玻璃幕墙、落地玻璃幕墙两大类（图 1-24）。

落地式全玻璃幕墙：幕墙高度较低时，幕墙面玻璃、肋玻璃均用镶嵌槽安装，玻璃固定安装在下部的镶嵌槽内，而在上部的

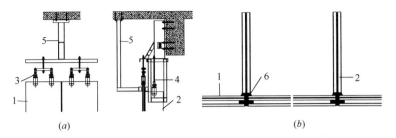

图 1-24 全玻璃幕墙连接系统示意

(a) 吊挂玻璃幕墙; (b) 全玻璃幕墙

1—玻璃面板; 2—玻璃肋板; 3—面板玻璃吊夹;

4—肋板玻璃吊夹; 5—抗风钢架; 6—结构胶

镶嵌槽顶部与玻璃之间留出一定空间,使玻璃有伸缩变形的余地。

吊挂式全玻璃幕墙:幕墙高度较高时,为防止玻璃在自身重量作用下发生压屈破坏,在幕墙上端设置特殊专用金属夹具,将大块玻璃吊挂起来,构成没有变形的大面积连续玻璃墙,玻璃与下部镶嵌槽底之间留有伸缩空间。

(三) 幕墙加工图识读

幕墙工程图纸一般包括幕墙施工图和幕墙加工图。幕墙施工图是幕墙现场施工时使用的图纸,它能完整准确地表达出建筑物外形轮廓、大小尺寸、幕墙材料及系统构造和做法,是指导幕墙施工的主要依据;幕墙加工图是幕墙施工图的图解和幕墙构件工厂生产的语言表达,是指导幕墙制作工进行幕墙构件加工、生产的重要依据。

1. 施工图与加工图

幕墙是主体建筑结构外围护结构,由玻璃、金属板、石材、钢(铝)骨架、螺栓、铆钉、焊缝等构件组成,因此幕墙施工图、加工图包含内容较多,常出现建筑和机械两种制图标准并存的现象。一般来说，幕墙立面图、平面图、剖面图、大样图可采用建筑制图标准；节点图、加工图可采用机械制图标准。

2. 加工图常用图例

（1）常用型钢标注方法

幕墙工程中混凝土、钢筋混凝土、砂、天然石材、毛石、空心砖、瓷砖、玻璃、金属、砖、塑料等图例与《房屋建筑制图统一标准》GB/T 50001—2017 相同；型钢图例与《建筑结构制图标准》GB/T 50105—2010 相同（表 1-1）；门、窗图例与《建筑制图标准》GB/T 50104—2010 相同。

常用型钢标注方法表　　　　　　　　表 1-1

序号	名称	截面	标注	说明
1	等边角钢	∟	∟$b \times t$	b 为肢宽； t 为肢厚
2	不等边角钢	⌐B∟	∟$B \times b \times t$	B 为长肢宽； b 为短肢宽； t 为肢厚
3	工字钢	I	IN　Q IN	轻型工字钢加注 Q 字； N 为工字钢型号
4	槽钢	[	[N　Q[N	轻型槽钢加注 Q 字； N 为槽钢型号
5	方钢	b⧄	□b	—
6	扁钢	⟵b⟶	——$b \times t$	—
7	钢板	——	$\dfrac{b \times t}{l}$	$\dfrac{宽 \times 厚}{板长}$
8	圆钢	⊘	ϕd	—
9	钢管	○	$DN \times \times$	内径
			$d \times t$	外径×壁厚
10	薄壁方钢管	□	B□$b \times t$	薄壁型钢加注 B 字； t 为壁厚

18

（2）常用幕墙材料图例

常用幕墙材料图例、常用幕墙紧固件图例目前尚无国家及行业统一标准，但近年来对幕墙材料图例在设计图纸中的表示，行业基本达成了共识（表1-2、表1-3）；在幕墙施工使用幕墙施工图或幕墙加工使用加工图时，常用幕墙材料图例、常用幕墙紧固件图例应以图纸说明为准。

常用幕墙材料图例   表1-2

序号	名称	图例	序号	名称	图例
1	泡沫棒		6	隔热条	
2	结构胶		7	玻璃	
3	耐候密封胶		8	分子筛	
4	密封胶条		9	岩棉	
5	双面胶条		10	焊缝	

常用幕墙紧固件图例 表1-3

序号	名称	图例	序号	名称	图例
1	拉钉		6	开槽圆柱头螺钉	
2	射钉		7	十字槽盘头自攻螺钉	
3	十字槽盘头螺钉		8	十字槽盘头自攻自钻螺钉	
4	十字槽沉头螺钉		9	十字槽沉头自攻自钻螺钉	
5	开槽盘头螺钉		10	十字槽沉头自攻螺钉	

（3）常用孔的尺寸标注

常见孔的尺寸标注见表1-4。

常见孔的尺寸标注 表1-4

类型	旁注法	普通注法	说明
一般光孔	$4×\phi4\underline{\top}10$ $4×\phi4\underline{\top}10$	$4×\phi4$ 10	$4×\phi4$ 表示直径为 4mm、均匀分布的 4 个光孔。孔深可与孔径连注，也可分别注出

类型	旁注法	普通注法	说明
精加工光孔	4×φ4H7▽10 孔▽12　4×φ4H7▽10 孔▽12	4×φ4H7	4×φ4 表示直径为 4mm、均匀分布的 4 个光孔。孔深度为 10mm，精加工孔（铰孔）深度为 12mm
锥销光孔	锥销孔φ4 配作　锥销孔φ4 配作	φ4 配作	φ4 为锥销孔的小端直径，锥销孔通常与其相邻的同位锥销孔一起配钻铰孔
通螺孔	3×M6-7H　3×M6-7H	3×M6-7H	3×M6 表示公称直径为 6mm、均匀分布的 3 个螺孔
不通螺孔	3×M6-7H▽10　3×M6-7H▽10	3×M6-7H	只注写螺孔深度时，可以与螺孔直径连注
不通螺孔	3×M6-7H▽10　3×M6-7H▽10	3×M6-7H	需注出光孔深度时，应分别注写出螺纹和钻孔的深度尺寸

21

类型	旁注法	普通注法	说明
锥形沉孔	6×φ7 Vφ13×90° 6×φ7 Vφ13×90°	90.0° φ13 6×φ7	6×φ7 是直径 7mm、均匀分布的 6 个孔，沉孔尺寸为锥形部分的尺寸
柱形沉孔	4×φ6.4 ⊔φ12▼4.5 4×φ6.4 ⊔φ12▼4.5	φ12 4.5 4×φ6.4	4×φ6.4 为直径小的柱孔尺寸，沉孔 φ12 深为 4.5mm，为直径大的柱孔尺寸
锪平沉孔	4×φ6.4 ⊔φ12 4×φ6.4 ⊔φ12	⊔φ20 4×φ9	4×φ9 为直径小的柱孔尺寸。锪平部分的深度不注写。一般锪平到不出现毛面为止

（4）螺栓、孔及电焊铆钉表示方法

螺栓、孔及电焊铆钉表示方法见表 1-5。

螺栓、孔及电焊铆钉表示方法 表 1-5

序号	名称	图例	说明
1	永久螺栓	M φ	（1）细"+"表示定位线； （2）M 表示螺栓型号； （3）φ 表示螺栓孔直径； （4）d 表示膨胀螺栓、电焊铆钉直径； （5）采用引出线标注螺栓时，横梁上标注螺栓规格，横线下标注螺栓孔直径
2	高强螺栓	M φ	
3	安装螺栓	M φ	

22

序号	名称	图例	说明
4	膨胀螺栓	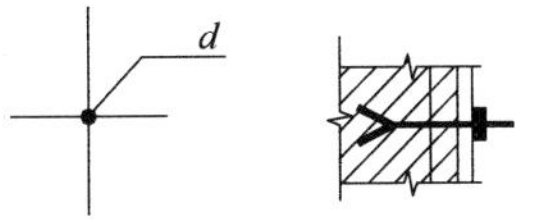	（1）细"＋"表示定位线； （2）M表示螺栓型号； （3）ϕ表示螺栓孔直径； （4）d表示膨胀螺栓、电焊铆钉直径； （5）采用引出线标注螺栓时，横梁上标注螺栓规格，横线下标注螺栓孔直径
5	圆形螺栓孔	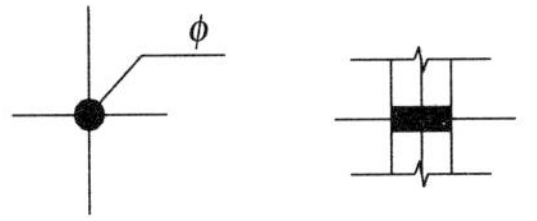	
6	长圆形螺栓孔	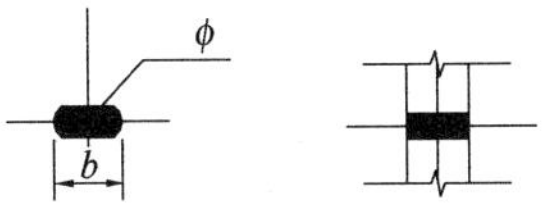	
7	电焊铆钉	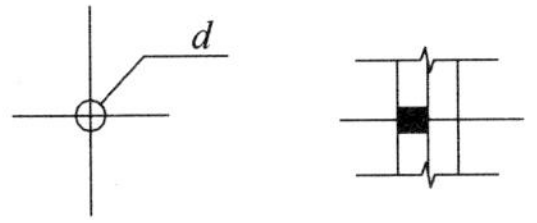	

（5）形位公差项目符号与标注方法

形位公差项目的规定符号见表 1-6，形位公差标注方法如图 1-25 所示。

形位公差项目的规定符号　　　　表 1-6

公差		特征项目	符号
形状公差	形状	直线度	—
		平面度	▱
		圆度	○
		圆柱度	⌀
形状公差或位置公差	轮廓	线轮廓度	⌒
		面轮廓度	⌓

公差		特征项目	符号
位置公差	定向	平行度	//
		垂直度	⊥
		倾斜度	∠
	定位	位置度	⊕
		同轴度	◎
		对称度	⊟
	跳度	圆跳度	↗
		全跳度	↗↗

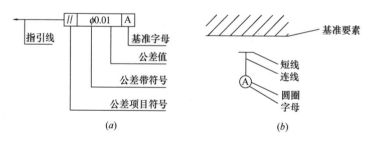

(a) (b)

图 1-25 形位公差代号与基准代号

(a) 形位公差代号；(b) 基准代号

(6) 表面粗糙度符号及意义

用车、铣、磨等加工的零件应标注表面粗糙度，表面粗糙度的符号及意义见表 1-7。

表面粗糙度的符号及意义　　　　　表 1-7

符号	意义及说明
✓	基本符号，表示表面可用任何方法获得。当不加注粗糙度参数值或有关说明（如表面处理、局部加热处理方法等）时，仅用于简化代号标注

符号	意义及说明
	基本符号＋短划线，表示表面是用去除材料的方法获得，如车、钻、铣、刨、磨、剪切、抛光、腐蚀、电火花、气割等
	基本符号＋小圆圈，表示表面是用不去除材料的方法获得，如铸、锻、冲压变形、热轧、冷轧、粉末冶金等，或是用于保持原供应状况的表面（包括保持上道工序的状况）
	在上述三个符号的长边＋横线，用于标注有关参数和说明
	在上述三个符号的长边＋小圆圈，表示所有表面具有相同的表面粗糙度要求

（7）常用螺纹紧固件画法与标注

螺栓、螺母、垫圈等常用螺纹紧固件画法与标注如图 1-26 所示。

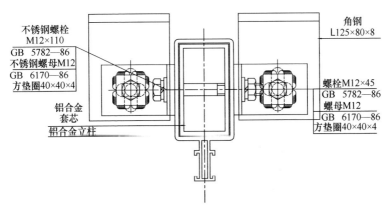

图 1-26　常用螺纹紧固件画法与标注

25

3. 尺寸标注

（1）尺寸的组成

图样上的尺寸，包括尺寸界线、尺寸线、尺寸起止符号和尺寸数字（图1-27）。

尺寸界线：应用细实线绘制，一般应与被注长度垂直，其一端应离开图样轮廓线不小于 2mm，另一端宜超出尺寸线 2～3mm。图样轮廓线可用作尺寸界线（图1-28）。

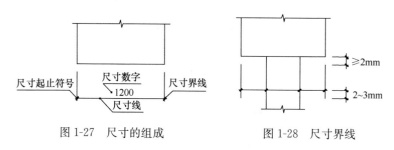

图 1-27　尺寸的组成　　　　图 1-28　尺寸界线

尺寸线：应用细实线绘制，应与被注长度平行。图样本身的任何图线均不得用作尺寸线。

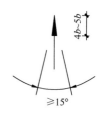

图 1-29　箭头尺寸
起止符号

尺寸起止符号：一般用中粗斜短线绘制，其倾斜方向应与尺寸界线成顺时针45°角，长度宜为 2～3mm。半径、直径、角度与弧长的尺寸起止符号宜用箭头表示（图1-29）。

（2）尺寸数字

图样上的尺寸，应以尺寸数字为准，不得从图上直接量取；图样上的尺寸单位，除标高及总平面以 m 为单位外，其他必须以 mm 为单位。

尺寸数字的注写位置：水平方向的尺寸，一般应注写在尺寸线的上方；铅垂方向的尺寸，一般应注写在尺寸线的左方；倾斜方向的尺寸一般应在尺寸线靠上的一方。也允许注写在尺寸线的中断处。

尺寸数字的方向：水平尺寸的数字字头向上，铅垂尺寸的数字字头向左，倾斜尺寸的数字字头应有朝上的趋势；对于非水平方向的尺寸，其尺寸数字可水平注写在尺寸线的中断处（图1-30）。

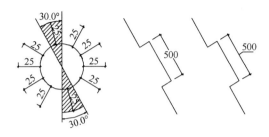

图 1-30   尺寸数字的方向

角度的数字一律写成水平方向，即数字铅直向上。一般注写在尺寸线的中断处，必要时，也可注写在尺寸线的附近或注写在引出线的上方。

尺寸数字一般应根据其方向注写在靠近尺寸线的上方中部。如果没有足够的注写位置，最外边的尺寸数字可注写在尺寸界线的外侧，中间相邻的尺寸数字可上下错开注写，引出线端部用圆点表示标注尺寸的位置（图1-31）。

图 1-31   尺寸数字注写位置

（3）尺寸的排列与布置

尺寸宜标注在图样轮廓以外，不宜与图线、文字及符号等相交；任何图线都不得穿过尺寸数字，当不可避免时，应将图线断开，以保证尺寸数字的清晰（图1-32）。

互相平行的尺寸线应从被注明的图样轮廓由近向远整齐排列，较小尺寸应离轮廓线较近，较大尺寸应离轮廓线较远；图样轮廓线以外的尺寸界线距图样最外轮廓之间的距离不宜小于

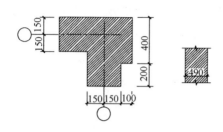

图 1-32 尺寸数字的注写

10mm，平行排列的尺寸线间距宜为 7～10mm，并应保持一致；总尺寸的尺寸界线应靠近所指部位，中间分尺寸的尺寸界线可稍短，但其长度应相等（图 1-33）。

（4）半径、直径和球的尺寸标注

半径尺寸标注：半径的尺寸线应一端从圆心开始，另一端画箭头指向圆弧，半径数字前应加注半径符号"R"。

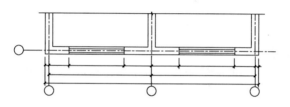

图 1-33 尺寸的排列

圆弧半径标注：较小及较大圆弧半径可按图 1-34 形式标注。

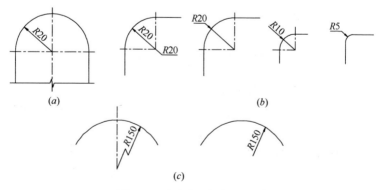

图 1-34 半径与圆弧标注方法

（a）半径标注方法；（b）小圆弧半径标注方法；（c）大圆弧半径标注方法

28

直径尺寸标注：标注圆的直径尺寸时，直径数字前应加直径符号"ϕ"。在圆内标注的尺寸线应通过圆心、两端画箭头指至圆弧；较小圆的直径尺寸，可标注在圆外（图 1-35）。

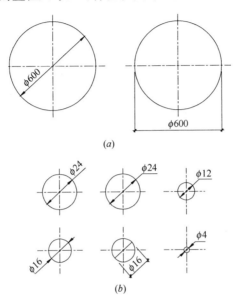

图 1-35　圆直径的标注方法
（a）圆直径；（b）小圆直径

球尺寸标注：标注球的半径尺寸，应在尺寸前加注符号"SR"；标注球的直径尺寸，应在尺寸前加注符号"$S\phi$"；注写方法与圆弧半径和圆直径标注方法相同。

（5）角度、弧度和弧长的标注

角度标注：角度的尺寸线应以圆弧表示。该圆弧的圆心应是该角的顶点，角的两条边为尺寸界线，起止符号应以箭头表示，如果没有足够位置画箭头，可用圆点代替，角度数字应沿尺寸线方向注写（图 1-36）。

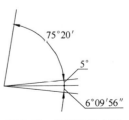

图 1-36　角度标注方法

29

圆弧标注：标注圆弧的弧长时，尺寸线应以该圆弧同心的圆弧线表示，尺寸界线应指向圆心，起止符号应以箭头表示，弧长数字上方应加注圆弧符号"⌒"；标注圆弧的弦长时，尺寸线应以平行于该弦的直线表示，尺寸界线应垂直于该弦，起止符号用中粗斜短线表示（图1-37）。

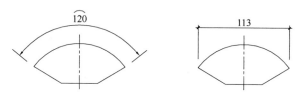

图1-37　弧长标注方法

（6）标高

标高符号应以直角等腰三角形表示，细实线绘制，斜边高取3mm为宜（图1-38）。

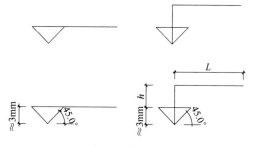

图1-38　标高符号

标高数字应以 m 为单位，注写到小数点以后第三位（在总平面图中可注写到小数点以后第二位）；总平面图室外地坪标高符号，宜用涂黑的三角形表示；标高符号的尖端应指至被注高度的位置，尖端宜向下，也可向上，标高数字应注写在标高符号的上侧或下侧；零点标高应注写成±0.000，正数标高不注"＋"，负数标高应注"－"；在图样的同一位置需表示几个不同标高时，标高数字可在起始标高数字上或下加注，但应在标高数字加注

"（ ）"（图 1-39）。

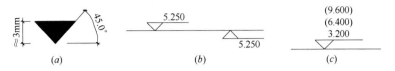

图 1-39　标高的标注方法

（a）总平面图室外地坪标高；（b）标高指向；（c）多标高注写

（7）薄板厚度、正方形、坡度等尺寸标注

薄板厚度标注：在薄板板面标注板厚尺寸时，应在厚度数字前加厚度符号"t"。

正方形尺寸标注：标注正方形的尺寸可用"边长×边长"的形式，也可在边长数字前加正方形符号"□"。

坡度标注：坡度标注时应加坡度符号"↙"，该符号为单面箭头，箭头应指向下坡方向；坡度也可用直角三角形标注（图 1-40）。

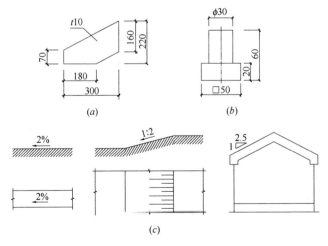

图 1-40　薄板厚度、正方形、坡度标注方法

（a）薄板厚度；（b）正方形；（c）坡度

（8）尺寸简化标注

桁架杆件的长度在单线图上可直接将尺寸数字沿杆件一侧注写，标注在中间位置上（图1-41）。

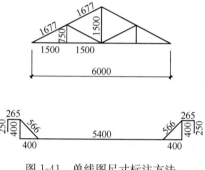

图1-41　单线图尺寸标注方法

连续排列的等长尺寸，可用"等长尺寸×个数＝总长"的形式标注（图1-42）。

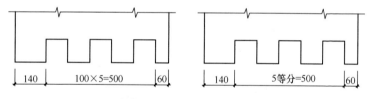

图1-42　等长尺寸简化标注方法

构配件内的构造因素（如孔、槽等）如相同，可仅标注其中一个要素的尺寸（图1-43）。

对称构配件采用对称省略画法时，该对称构配件的尺寸线应略超过对称符号，仅在尺寸线一端画尺寸起止符号，尺寸数字应按整体全尺寸注写，注写位置宜与对称符号对齐（图1-44）。

两个构配件，如个别尺寸数字不同，可在同一图样中将其中一个构配件的不同尺寸数字注写在括号内，该构配件的名称也应注写在相应括号内（图1-45）。

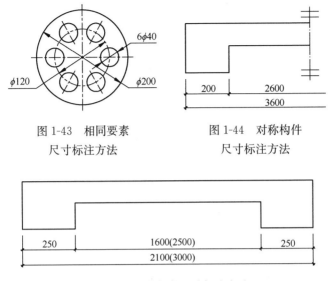

图 1-43 相同要素
尺寸标注方法

图 1-44 对称构件
尺寸标注方法

图 1-45 相似构件尺寸标注方法

（四）幕墙主要材料

幕墙所用材料是保证幕墙可靠性的物质基础。幕墙所用材料概括起来可分为四大类型：面板材料、骨架材料、密封填缝材料和结构粘结材料。为了保证幕墙质量、安全和性能，幕墙材料必须满足设计要求并符合国家或行业标准规定的质量指标，不合格的材料严禁使用，出厂时，必须有出场合格证。

1. 一般要求

（1）幕墙应选用耐候性材料。其物理和化学性能应适应幕墙所在地的气候、环境，并满足设计使用年限要求。

（2）金属材料和金属零配件除不锈钢和耐候钢外，钢材应进行表面热浸镀锌处理、无机富锌涂料处理或采取其他有效的防腐措施，铝合金材料应进行表面阳极氧化、电泳涂漆、粉末喷涂或氟碳喷涂处理。

（3）幕墙材料宜采用不燃材料或难燃性材料；防火密封构造应采用防火密封材料。幕墙支承构件和连接件材料的燃烧性能应为 A 级；幕墙用面板材料的燃烧性能，当建筑高度大于 50m 时应为 A 级，当建筑高度不大于 50m 时应为 B_1 级。

（4）隐框和半隐框玻璃幕墙，其玻璃与铝型材的粘结必须采用中性硅酮结构密封胶；全玻璃和点支承幕墙采用镀膜玻璃时，不应采用酸性硅酮结构密封胶粘结。

（5）硅酮结构密封胶和硅酮建筑密封胶必须在有效期内使用。

（6）密封胶的粘结性能和耐久性应满足设计要求，应具有适用于幕墙面板基材和接缝尺寸及变位量的类型和位移能力级别，且不应污染所接触的材料。

2. 基本规定

（1）建筑幕墙工程应对使用的主要材料部分性能指标按标准、规范规定进行复验，并经监理工程师检查认可。硅酮结构密封胶、硅酮建筑密封胶相容性、粘结性试验的材料必须见证取样，经送检合格后方可用于工程。

（2）建筑幕墙工程各项材料复验、性能检测等应在幕墙工程施工前进行，检验合格后方可进行批量加工和安装。

（3）建筑幕墙工程所用各种材料、五金配件、构件及组件进入施工现场，应具有中文标识的出场合格证或质量证明书、产品出场检验报告、两年有效期内的型式检验报告，主要材料还需具有国家认定检测机构出具的复验报告；强制性认证产品应有认证标识；进口材料应有商检证明。

（4）除型钢龙骨、玻璃及金属板材等幕墙主要材料进场需按规定要求进行复试外，进场后需进行现场检测和复验的项目和材料还有：石材弯曲强度、耐冻融性检测报告；石材用密封胶的耐污染性试验报告；硅酮结构密封胶相容性和剥离粘结性试验报告；槽式埋件、后置埋件和背栓的抗拉、抗剪承载力性能试验报告；金属构件及板材表面热浸镀锌、氟碳喷涂涂层物理性能试验报告；复合板材的剥离强度检测报告等。

3. 骨架材料

（1）铝合金型材

1）铝合金型材有普通级、高精级和超高精级之分，玻璃幕墙采用的铝合金型材质量应符合现行国家标准《铝合金建筑型材》GB/T 5237 中规定的高精级要求，型材尺寸允许偏差应达到高精级或超高精级。其化学成分应符合现行国家标准《变形铝及铝合金化学成分》GB/T 3190—2008 的有关规定。

2）玻璃幕墙采用的铝合金的阳极氧化膜厚度不应低于现行国家标准《铝及铝合金阳极氧化膜与有机聚合物膜》GB/T 8013—2007 中规定的 AA15 级。

3）建筑幕墙工程使用的铝合金型材，应进行壁厚、膜厚、表面质量的检验：

① 铝合金型材龙骨壁厚要求应满足表 1-8 的要求。

幕墙工程铝合金型材龙骨壁厚表   表 1-8

龙骨形式	幕墙种类		壁厚（mm）
横梁	玻璃幕墙	横梁跨度≤1.2m	2.0
		横梁跨度>1.2m	2.5
	金属与石材幕墙	横梁跨度≤1.2m	2.5
		横梁跨度>1.2m	3.0
	人造板幕墙	有效受力部位	2.0
		螺纹连接处局部加厚	4.0
立柱	玻璃幕墙	开口	3.0
		闭口	2.5
	金属与石材幕墙	有效受力部位	3.0
		螺纹连接部位	不应小于螺钉公称直径
	人造板幕墙	开口	3.0
		闭口	2.5
		螺纹连接处局部加厚	4.0

② 铝合金型材采用阳极氧化、电泳涂漆、粉末喷涂、氟碳喷涂进行表面处理时，应符合《铝合金建筑型材》GB/T 5237 规定的质量要求，表面处理的厚度应满足表 1-9 的要求。

幕墙工程铝合金型材表面处理层厚度　　　　表 1-9

表面处理方法		膜厚级别（涂层种类）	厚度 t（μm）	
			平均膜厚	局部膜厚
阳极氧化		不低于 AA15	$t \geqslant 15$	$t \geqslant 12$
电泳涂漆	阳极氧化膜	不低于 B	$t \geqslant 10$	$t \geqslant 9$
	漆膜	不低于 B	—	$t \geqslant 7$
	复合膜	不低于 B	—	$t \geqslant 16$
粉末喷涂		—	—	$t \geqslant 40$
氟碳漆喷涂		三涂	$t \geqslant 40$	$t \geqslant 34$

铝合金型材膜厚的检验，应采用分辨率为 $0.5\mu m$ 的膜厚检测仪检测。每个杆件在装饰面不同部位的测点不应少于 5 个，同一测点应测量 5 次，取平均值，修约至整数。

③ 铝合金型材的表面质量应整洁，色泽应均匀；型材表面不允许有裂纹、起皮、腐蚀斑点、气泡、电灼伤、流痕、发黏及膜（涂）层脱落等缺陷存在。

④ 铝合金型材的强度设计值应按现行国家标准《铝合金结构设计规范》GB 50429—2007 的规定采用，也可按表 1-10 采用。

铝合金型材的强度设计值 f_a（N/mm²）　　　　表 1-10

铝合金牌号	状态	壁厚（mm）	强度设计值 f_a		
			抗拉、抗压	抗剪	局部承压
6061	T4	不区分	90	55	133.0
	T6	不区分	200	115	199.0
6063	T5	不区分	90	55	120.0
	T6	不区分	150	85	161.0

铝合金牌号	状态	壁厚 (mm)	强度设计值 f_a		
			抗拉、抗压	抗剪	局部承压
6063A	T5	≤10	135	75	150.0
		>10	125	70	141.5
	T6	≤10	160	90	172.0
		>10	150	85	163.0

(2) 钢材

1) 碳素结构钢和低合金高强度结构钢的钢种、牌号和质量等级应符合国家现行标准《碳素结构钢》GB/T 700—2006、《优质碳素结构钢》GB/T 699—2015、《合金结构钢》GB/T 3077—2015、《低合金高强度结构钢》GB/T 1591—2008、《碳素结构钢和低合金结构钢热轧钢带》GB/T 3524—2015、《碳素结构钢和低合金结构钢热轧钢板和钢带》GB/T 3274—2017、《结构用无缝钢管》GB/T 8162—2008、《连续热镀锌钢板及钢带》GB/T 2518—2008 等的有关规定。

2) 幕墙用不锈钢构件宜采用奥氏体不锈钢材且应符合现行国家标准《不锈钢和耐热钢 牌号及化学成分》GB/T 20878—2007 的要求。奥氏体不锈钢的铬、镍总含量不宜低于 25%，其中镍含量不宜低于 10%。幕墙用不锈钢材应符合现行国家标准《不锈钢棒》GB/T 1220—2007、《不锈钢热轧钢板和钢带》GB/T 4237—2015、《结构用不锈钢无缝钢管》GB/T 14975—2012。

3) 幕墙用耐候钢应符合现行国家标准《耐候结构钢》GB/T 4171—2008。

4) 与空气接触的碳素结构钢和低合金结构钢应采取有效的表面防腐处理：

① 当采用热浸镀锌防腐蚀处理时，锌膜厚度应符合现行国家标准《金属覆盖层 钢铁制件热浸镀锌层 技术要求及试验方法》GB/T 13912—2002 的规定。

② 当采用防腐涂料进行表面处理时，除密闭的闭口型材的内表面外，涂层应覆盖钢材表面，其厚度应符合防腐要求。

③ 当采用氟碳漆喷涂或聚氨酯漆喷涂时，漆膜的厚度不宜小于 $35\mu m$，在空气污染严重及海滨地区，涂膜厚度不宜小于 $45\mu m$。

5）幕墙用钢型材壁厚应满足表 1-11 的要求。

幕墙工程钢型材壁厚表   表 1-11

龙骨形式	幕墙种类		壁厚（mm）
横梁	玻璃幕墙		2.5
	金属与石材幕墙		3.5
	人造板幕墙	热轧钢型材	2.5
		冷成型薄壁型钢	2.0
立柱	玻璃幕墙		3.0
	金属与石材幕墙		3.5
	人造板幕墙	热轧钢型材	3.0
		冷成型薄壁型钢	2.5

6）幕墙用钢材厚度检验：应采用分辨率为 0.5mm 的游标卡尺或分辨率为 0.1mm 的金属测厚仪在杆件同一截面的不同部位测量，测点不应少于 5 个，并取最小值，结果应符合设计要求。

7）幕墙用钢材长度检验：应采用分度值为 1mm 的钢卷尺在两侧测量，结果应符合设计要求。

8）幕墙用钢材膜厚检验：应采用分辨率为 $0.5\mu m$ 的膜厚检测仪检测。每根杆件在同部位的测点不少于 5 个，同一测点测量 5 次，取平均值。当采用热浸镀锌处理时，其膜厚应大于 $45\mu m$；采用静电喷涂时，其膜厚应大于 $40\mu m$。

9）幕墙用钢材表面质量检验：应在自然散射光条件下，目测检查。钢材表面不得有裂纹、气泡、结疤、泛锈、夹渣和折叠。截面不得有严重毛刺、卷边等现象。

10）热轧钢材的强度设计值应按现行国家标准《钢结构设计标准》GB 50017—2017、《冷弯薄壁型钢结构技术规范》GB 50018—2002 的规定采用，也可按表 1-12、表 1-13 采用。

热轧钢材的强度设计值 f_s（N/mm²）　　　　表 1-12

钢材牌号	厚度或直径 d（mm）	抗拉、抗压、抗弯 f_s	抗剪 f_s	端面承压（刨平顶紧）f_s^c
Q235	$d \leqslant 16$	215	125	325
	$16 < d \leqslant 40$	205	120	
	$40 < d \leqslant 60$	200	115	
Q345	$d \leqslant 16$	310	180	400
	$16 < d \leqslant 35$	295	170	
	$35 < d \leqslant 50$	265	155	

注：表中厚度是指计算点的钢材厚度。

冷成型薄壁型钢的强度设计值 f_s（N/mm²）　　　表 1-13

钢材牌号	抗拉、抗压和抗弯 f_s	抗剪 f_s	端面承压（磨平顶紧）f_s^c
Q235	205	120	310
Q345	300	175	400

（3）索、杆

幕墙支承结构用拉索、钢拉杆应符合下列规定：

1）钢绞线应符合国家现行标准《预应力混凝土用钢绞线》GB/T 5224—2014、《高强度低松弛预应力热镀锌钢绞线》YB/T 152—1999、《镀锌钢绞线》YB/T 5004—2012 的规定；锌-5％铝-混合稀土合金镀层钢绞线的要求可按现行国家标准《锌-5％铝-混合稀土合金镀层钢丝、钢绞线》GB/T 20492—2006 的有关规定执行。

2）不锈钢绞线应符合现行国家标准《不锈钢钢绞线》GB/T 25821—2010、《不锈钢拉索》YB/T 4294—2012 的规定。

3）钢拉杆的质量、性能应符合现行行业标准《建筑用钢质拉杆构件》JG/T 389—2012 的规定。

4）钢丝绳的质量、性能应符合现行国家标准《一般用途钢丝绳》GB/T 20118—2006 的规定。

5）不锈钢钢丝绳的质量、性能、极限抗拉强度应符合现行国家标准《不锈钢丝绳》GB/T 9944—2015 的规定。

4. 面板材料

（1）玻璃

幕墙玻璃宜采用安全玻璃，玻璃幕墙宜采用夹层玻璃、均质钢化玻璃或超白玻璃。采用钢化玻璃应符合国家现行标准《建筑门窗幕墙用钢化玻璃》JG/T 455—2014 的规定。

1）幕墙玻璃的外观质量和性能应符合现行国家、行业标准；

2）幕墙玻璃的公称厚度应经过强度和刚度验算后确定，单片玻璃、中空玻璃的任一片玻璃厚度不宜小于 6mm。夹层玻璃的单片玻璃厚度不宜小于 5mm，夹层玻璃、中空玻璃的两片玻璃厚度差不应大于 3mm。

3）点支承玻璃幕墙应采用钢化玻璃及其制品，采用浮头式连接时玻璃厚度不应小于 6mm；采用沉头式连接时玻璃厚度不应小于 8mm。玻璃肋支承的点支承玻璃幕墙，其玻璃肋应采用钢化夹胶玻璃。

4）幕墙玻璃边缘应进行磨边和倒角处理。磨轮的目数不应小于 180 目，有装饰要求的玻璃边，宜采用精磨边。点支承幕墙玻璃的孔、板边缘均应进行磨边和倒棱，磨边宜细磨，倒棱宽度不宜小于 1mm。

5）幕墙玻璃的反射比不应大于 0.3。玻璃幕墙采用镀膜玻璃时，离线法生产的镀膜玻璃应采用真空磁控溅射法生产工艺；在线法生产的镀膜玻璃应采用热喷涂法生产工艺。

6）幕墙用中空玻璃的间隔铝框可采用连续折弯型或插角型。中空玻璃气体层厚度不应小于 9mm，宜采用双道密封。第一道密封应采用丁基热熔密封胶，其性能应符合现行行业标准《中空玻璃用丁基热熔密封胶》JC/T 914—2014 的规定。点支承、隐框、半隐框玻璃幕墙用中空玻璃的第二道密封胶应采用硅酮结构密封胶，其性能应符合现行国家标准《中空玻璃用硅酮结构密封胶》GB 24266—2009 的规定。间隔框中的干燥剂宜采用专用设备装填。

7）幕墙用钢化玻璃宜经过热浸（均质）处理。

8）玻璃幕墙采用夹层玻璃时，宜采用干法加工合成，其夹片宜采用聚乙烯醇缩丁醛（PVB）胶片或离子性中间层胶片；外露的 PVB 夹层玻璃边缘应进行封边处理。

9）玻璃幕墙采用单片低辐射镀膜玻璃时，应使用在线热喷涂低辐射镀膜玻璃；离线镀膜的低辐射镀膜玻璃宜加工成中空玻璃使用，且镀膜面应朝向中空气体层。

10）要求防火功能的幕墙玻璃，应根据防火等级要求采用单片防火玻璃及其制品。

（2）石材

1）石材幕墙面板宜采用花岗石，可选用大理石、石灰石、石英砂岩等。

2）幕墙面板石材不应有软弱夹层或软弱矿脉。有层状花纹的石材不宜有粗粒、松散、多孔的条纹。石材面板的技术、质量要求应符合现行国家标准《天然花岗石建筑板材》GB/T 18601—2009、《天然大理石建筑板材》GB/T 19766—2016 和《天然板石》GB/T 18600—2009 的规定。

3）幕墙石材面板宜进行表面防护处理。石材面板的吸水率大于 1‰ 时，应进行表面防护处理，处理后的含水率不应大于 1‰；对于处在大气污染较严重或处在酸雨环境下的石材面板，应根据污染物的种类和污染程度及石材的矿物化学性质、物理性质，选用适当的防护产品对石材进行保护。

4）用于严寒地区和寒冷地区的石材，其冻融系数不宜小于 0.8。

5）石材的放射性应符合《建筑材料放射性核素限量》GB

6566—2010 的要求。

6）幕墙石材面板的弯曲强度、厚度、吸水率、最小厚度和单块面积应符合表 1-14 的规定。烧毛板和天然粗糙表面的石板，其厚度宜适当加大。当石板表面已进行可靠的增强处理时，表中的最小厚度可适当减小。

表 1-14

石材面板技术参数表

项目	花岗石	天然大理石	其他类型石材	
弯曲强度标准值/MPa	$\geqslant 8.0$	$\geqslant 7.0$	$\geqslant 8.0$	$8.0 > f_{rk} \geqslant 4.0$
吸水率/%	$\leqslant 0.6$	$\leqslant 0.5$	$\leqslant 5$	$\leqslant 5$
最小厚度/mm	$\geqslant 25$	$\geqslant 35$	$\geqslant 35$	$\geqslant 40$
单块面积/m²	不宜大于 1.5	不宜大于 1.5	不宜大于 1.5	不宜大于 1.0

7）弯曲强度标准值小于 8.0MPa 的石材面板，应采取附加构造增强措施保证面板的可靠性。

（3）金属板

金属板主要包括金属单板、金属复合板、搪瓷钢板。金属单板包括单层铝板、单层不锈钢板、铜及铜合金板、彩色涂层钢板、钛锌合金板，金属复合板包括铝塑复合板、铝蜂窝复合板、铝合金瓦楞板、不锈钢蜂窝板。

单层金属板属于轻量化材质，延展性好，具有优良的加工性能，能适应各种复杂造型，表面可通过处理满足装饰效果的需要。

复合板类金属板是指由多层金属及非金属材料复合而成的板材，主要由面板、芯材、背板组成。芯材可为塑料、铝蜂窝、铝瓦楞等；背板通常为铝板；面板可为铝板、不锈钢板、铜板、钛锌板等。此类金属板具有以下特点：板材厚度较厚，具有较好的立面平整度。外墙板常用厚度一般在 4～30mm 左右；板块立面分格尺寸一般以矩形为主（也可根据需要设计成三角形或其他异形），板块宽度一般不超过 1200mm，长度一般不超过 4000mm；

金属板板块一般采用四边固定的形式，板块计算模型通常采用双向板的计算模型。

建筑幕墙工程中常用的有单层铝板、铝塑复合板、铝蜂窝复合板等。

1）材料选用

① 金属板幕墙的立柱、横梁可采用钢型材或铝合金型材，必要时也可采用铝合金型材和钢型材组合柱。采用钢型材时应采取有效的防腐措施。

② 挂件应采用铝合金型材或不锈钢材。不锈钢宜采用奥氏体型不锈钢材。

③ 金属板幕墙应采用中性建筑密封胶，其性能应符合现行行业标准《幕墙玻璃接缝用密封胶》JC/T 882—2001 的有关规定。不宜使用添加矿物油的硅酮建筑密封胶。

④ 硅酮结构密封胶应符合现行国家标准《建筑用硅酮结构密封胶》GB 16776—2005 的有关规定；

⑤ 密封胶宜采用聚乙烯泡沫棒作填充材料，其密度不宜大于 $37kg/m^3$。

⑥ 幕墙用橡胶制品宜采用三元乙丙橡胶、氯丁橡胶及硅橡胶。

⑦ 幕墙的保温、隔热材料宜采用岩棉、矿棉、玻璃棉等不燃或难燃材料，其燃烧性能分级应符合现行国家标准《建筑材料及制品燃烧性能分级》GB 8624—2012 的有关规定。

2）单层铝板

定义：以铝或铝合金板（带）为基材，经加工成型且装饰表面具有保护性和装饰性涂层或阳极氧化膜的建筑装饰用单层板。幕墙用单层铝板宜米用铝锰合金板、铝镁合金板，宜采用 $3\times\times\times$ 系列、$5\times\times\times$ 系列铝合金。

板材规格：幕墙工程中单层铝板常见规格为长度不超过 4000mm、宽度不超过 1500mm，单层铝板的板基厚度宜符合表 1-15 的规定。

单层铝板的板基厚度   表 1-15

铝板屈服强度 $\sigma_{0.2}$（N/mm²）	＜100	100≤ $\sigma_{0.2}$ ＜150	≥150
铝板的厚度 t（mm）	≥3.0	≥2.5	≥2.0

表面处理形式：铝板表面的颜色取决于表面涂层的颜色，色彩丰富。铝板表面宜采用氟碳涂层，且应符合下列规定：氟碳树脂含量不应低于树脂总量的 70%；涂层厚度宜符合表 1-16 的要求。

氟碳涂层厚度（μm）   表 1-16

涂装工艺类型 涂层	喷涂		辊涂	
	平均膜厚	局部最小膜厚	平均膜厚	局部最小膜厚
二涂	≥30	≥25	≥25	≥22
三涂	≥40	≥35	≥35	≥30

铝板强度：铝板的强度设计值可按表 1-17 采用。

铝板强度设计值 f_{al}（N/mm²）   表 1-17

铝板牌号	合金状态	屈服强度最小值 $\sigma_{0.2}$	抗拉强度 f_{al}	抗剪强度 f_{al}
1050	H14、H24、H44	75	65	40
	H48	120	100	60
1060	H14、H24、H44	65	55	35
1100	H14、H24、H44	95	80	50
3003	H14、H24、H44	115	100	60
	H16、H26	145	125	70
3004	H42	140	120	65
	H14、H24	170	145	85
3005	H42	95	80	50
	H14、H24、H44	135	115	65
	H46	160	135	80

铝板牌号	合金状态	屈服强度 最小值 $\sigma_{0.2}$	抗拉强度 f_{al}	抗剪强度 f_{al}^y
3105	H25	130	110	65
5005	H42	90	75	45
	H14、H24、H44	115	100	60
5052	H42	130	110	65
	H44	175	150	85
5754	H42	140	120	65
	H14、H24、H44	160	135	80
	H16、H26、H46	190	160	95

3）铝塑复合板

定义：铝塑复合板简称铝塑板，是指以塑料为芯层，两面为铝材的三层复合板材，并在产品表面覆以装饰性和保护性的涂层或薄膜作为产品的装饰面。

常用规格尺寸：长度有 2000mm、2440mm、3000mm、3200mm 等；宽度有 1220mm、1250mm、1500mm 等；最小厚度为 4mm。

性能：铝塑复合板物理性能见表 1-18、表 1-19。

铝塑复合板物理性能 1　　　　　　　　　表 1-18

项目		技术要求
弯曲强度（MPa）		≥100
弯曲弹性模量（MPa）		$\geqslant 2.0 \times 10^4$
贯穿阻力（kN）		≥7.0
剪切强度（MPa）		≥22.0
剥离强度 （N·mm/mm）	平均值	≥130
	最小值	≥120

项目			技术要求
耐温差性	剥离强度下降率（%）		≤10
	涂层附着力ᵃ（级）	划格法	0
		划圈法	1
		外观	无变化
热膨胀系数（1/℃）			≤4.00×10⁻⁵
热变形温度（℃）			≥95
耐热水性			无异常
燃烧性能ᵇ（级）			不低于C

注：a. 划圈法为仲裁方法；b. 燃烧性能仅针对阻燃型铝塑板。

铝塑复合板物理性能 2　　　　　　　　　　表 1-19

材料	厚度 （mm）	弹性模量 E （N/mm²）	泊松比 v	线膨胀系数 α （1/℃）
铝塑复合板	4	0.2×10⁵	0.25	2.4×10⁻⁵～ 4.0×10⁻⁵
	6	0.3×10⁵		

4）铝蜂窝复合板

定义：铝蜂窝复合板是指以铝蜂窝为芯材，两面粘结铝板的复合板材，通常表面具有装饰面层（图 1-46）。

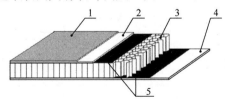

图 1-46　铝蜂窝复合板示意

1—装饰面层；2—铝板（面板）；3—铝蜂窝芯；

4—铝板（背板）；5—胶粘剂

常用规格尺寸：长度有 2000mm、2400mm、3000mm、3200mm 等；宽度有 1200mm、1250mm、1500mm 等；厚度有

10mm、15mm、20mm、25mm、30mm、40mm、50mm，不宜小于10mm。

性能：铝蜂窝复合板物理性能见表1-20、表1-21。

铝蜂窝复合板物理性能1　　　　　表 1-20

项目[a]		技术指标
滚筒剥离强度（N·mm/mm）	平均值	≥50
	最小值	≥40
平压强度（MPa）	平均值	≥0.8
	最小值	≥0.6
平拉强度（MPa）		≥0.8
平压弹性模量（MPa）		≥30
平面剪切强度[b]（MPa）		≥0.5
平面剪切弹性模量[b]（MPa）		≥4.0
弯曲刚度（N·mm²）		≥1.0×10⁸
剪切刚度（N）		≥1.0×10⁴
平面剪切强度[b]（MPa）		≥0.5
平面剪切弹性模量[b]（MPa）		≥4.0
弯曲刚度（N·mm²）		≥1.0×10⁸
剪切刚度（N）		≥1.0×10⁴
耐撞击性能		无明显变形及破坏
耐热水性	外观	无异常
	滚筒剥离强度最小值（N·mm/mm）	≥30
耐温差性	外观	无异常
	滚筒剥离强度最小值（N·mm/mm）	≥40

注：a. 对打孔的板，力学性能可由供需双方商定；b. 对于厚度大于50mm的产品可由供需双方商定。

铝蜂窝复合板物理性能 2　　　　表 1-21

材料	厚度	弹性模量 E（N/mm²）	泊松比 ν	线膨胀系数 α（1/℃）
蜂窝铝复合板	10mm	0.35×10^5	0.25	2.4×10^{-5}
	15mm	0.27×10^5		
	20mm	0.21×10^5		

（4）人造板材

人造板材幕墙面板主要包括瓷板、微晶玻璃、陶板、石材蜂窝板、纤维水泥板、木纤维板。建筑幕墙工程常用的有陶板，石材蜂窝板、纤维水泥板。

1）材料选用

① 面板材料的燃烧性能等级要求：当建筑高度大于 50m 时应为 A 级；当建筑高度不大于 50m 时不应低于 B₁ 级。

② 幕墙用保温材料的燃烧性能等级应为 A 级。

③ 人造板材幕墙的横梁可采用钢型材或铝合金型材，立柱也可采用钢型材或铝合金型材，必要时也可采用铝合金型材和钢型材组合柱。

④ 幕墙与建筑主体结构或支承结构之间，宜采用钢连接件或铝合金连接件。

⑤ 挂件宜采用铝合金型材或不锈钢材。

⑥ 背栓应采用奥氏体型不锈钢制作。

⑦ 幕墙所用金属材料和金属配件除不锈钢和耐候钢外，均应根据使用需要，采取有效的表面防腐蚀处理措施。

2）陶板

定义：以陶土为主要原料，经挤出成型、坯料切割、干燥、烧结、成品切割等工艺制成。陶板为绿色环保材料，颜色由陶板本色决定，鲜艳自然，不褪色；陶板造型丰富，其内部采用空腔设计时，可大大降低材料自重。

分类：按陶板吸水率（E）分类，$E \leqslant 3\%$，代号为 AI；3%

$<E\leqslant 6\%$，代号为 AIIa；$6\%<E\leqslant 10\%$，代号为 AIIb。按陶板表面是否施釉分类，可分为无釉板和釉面板。按陶板形状分类，可分为普形板和异形板。按陶板横截面构造分类，可分为实心板和空心板。

性能：幕墙用陶板的主要性能应符合表1-22的规定。

陶板性能要求　　　　　　　　　　表 1-22

项目		技术指标		
		AI	AIIa	AIIb
吸水率（E）平均值（%）		$E\leqslant 3$	$3<E\leqslant 6$	$6<E\leqslant 10$
抗弯强度（MPa）	平均值	$\geqslant 23$	$\geqslant 13$	$\geqslant 9$
	最小值	$\geqslant 18$	$\geqslant 11$	$\geqslant 8$
干燥重量（kN/m³）		20.0～24.0		
弹性模量（GPa）		$\geqslant 20$		
泊松比		$\geqslant 0.13$		
抗冻性		无破坏		
抗热震性		无破坏		
耐污染性		无明显污染痕迹		
抗釉裂性a		无龟裂		
线性热膨胀系数（1/℃）		$\leqslant 1.0\times 10^{-6}$		
湿膨胀系数（%）		$\leqslant 0.06$		
耐化学腐蚀性		无明显变化		

注：a. 只适用于釉面陶板。

　3）石材蜂窝板

　　定义：石材蜂窝板是由天然石材与铝蜂窝板、钢蜂窝板或玻纤蜂窝板粘结而成的板材。其饰面石材薄板可以是任何品种的石材（图1-47）。

　　优点：与传统的石材面板相比，重量轻，可以减少建筑物重量荷载，降低劳动强度，节省建设成本；强度高，平面抗拉、层间抗剪、弯曲刚度等力学性能指标高，抗变形、抗冲击性好；安

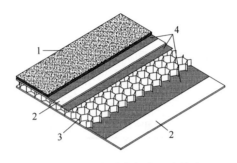

图 1-47　石材蜂窝板的基本构造
1—石材；2—蜂窝板面板；
3—铝蜂窝芯；4—胶粘结剂层

全性好，受强力冲击或超荷载的弯曲变形后，石材表面只是局部破裂，不会产生辐射性裂纹，更不会整体破裂、脱落；美观，可以根据建筑设计需要，选择任意的石材，特别是强度低、品种稀缺的石材进行复合，可保持天然石材的外观特点、性能指标，并能制成不同角度、圆弧面等各种造型；加工简便，可使用普通加工工具在现场对需要修整的成型产品进行切割、安装；节能环保，提高石材的利用率，节约天然资源。

分类：按用途分，可分为外装饰板、内装饰板；按石材种类分，可分为花岗岩、砂岩、大理石、石灰石；按石材表面加工程度分，可分为亚光面、镜面、粗面；按蜂窝板种类分，可分为铝蜂窝板、钢蜂窝板、玻纤蜂窝板。

规格：幕墙用石材蜂窝板单边边长不宜大于 2.0m，单块最大面积不宜大于 2.0m²；面板石材为亚光面或镜面时，石材厚度宜为 3～5mm；面板石材为粗面时，石材厚度宜为 5～8mm。

性能：石材蜂窝板的燃烧性能为 A 级，石材表面应涂刷符合现行行业标准《建筑装饰用天然石材防护剂》JC/T 973—2005 规定的一等品及以上要求的饰面型石材防护剂，其耐碱性、耐酸性宜大于 80%。石材蜂窝板的物理和力学性能应符合表 1-23 的规定。

石材蜂窝板的物理和力学性能　　表 1-23

项目		技术要求	
		外装饰类	内装饰类
耐沾污性		无明显残余污染痕迹	
抗落球冲击		无开胶、脱落破坏	
抗柔重物体冲击		无开胶、脱落破坏	
平压强度（MPa）		≥0.8	≥0.6
平压弹性模量（MPa）		≥30	≥25
平面剪切强度（MPa）		≥0.5	≥0.4
平面剪切弹性模量（MPa）		≥4.0	≥3.0
滚筒剥离强度 （N·mm/mm）	平均值	≥50	≥40
	最小值	≥40	≥30
平拉粘结强度 （MPa）	平均值	≥1.0	≥0.6
	最小值	≥0.6	≥0.4
弯曲强度 （标准值）（MPa）	花岗岩	≥8.0	—
	砂岩、大理石、石灰石	≥4.0	
弯曲刚度 （N·mm²）	铝蜂窝板	≥1.0×10⁹	≥1.0×10⁸
	钢蜂窝板	≥1.0×10⁹	
	玻纤蜂窝板	≥1.0×10⁸	
剪切刚度（N）		≥1.0×10⁸	≥1.0×10⁴
耐热水型	外观	无异常	
	平拉粘结强度平均 值下降率（%）	≤15	
耐温差性	外观	无异常	
	弯曲强度下降率（%）	≤20	—
耐冻性	外观	无异常	
	平拉粘结强度平均值 下降率（%）	≤15	

注：弯曲试验用的试样宽度为 100mm。

4）纤维水泥板

定义：纤维水泥板以非石棉的无机矿物纤维、有机合成纤维或纤维素纤维（不包括木屑和钢纤维）单独或混合作为增强材料，以水泥或水泥中掺入硅质、钙质材料为基材制成的外墙非承重用板材。

特点：不含对人体有害的石棉、甲醛和苯，绿色环保；安全无害；良好的耐久性：耐酸碱、耐腐蚀，且强度和硬度随时间而增强。

分类：按表面加工处理分类，可分为无涂装纤维增强水泥板、涂装纤维增强水泥板；按饱水状态抗折强度可分为Ⅰ、Ⅱ、Ⅲ和Ⅳ四个等级。

规格：纤维增强水泥板常规尺寸见表1-24。

纤维增强水泥板常规尺寸 表1-24

项目	公称尺寸
长度（mm）	600～3600
宽度（mm）	150～1250
厚度（mm）	6～30

注：上述产品规格仅规定了范围，实际产品规格可在此范围内按建筑模数的要求进行选择。

性能：纤维增强水泥板的物理性能应符合表1-25的规定。

纤维增强水泥板物理性能 表1-25

项目	指标要求
表观密度 D（g/cm³）	≥1.2
吸水率（%）	≤22
不透水性	24h检验后允许板反面出现湿痕，但不应出现水滴
湿度变形（%）	≤0.07
导热系数 λ	生产企业应该给出 λ 值

项目		指标要求
耐久性	抗冻性	冻融循环后，板面不应出现破裂分层； 冻融循环试件与对比试件饱水状态抗折强度的比值应不小于 0.80
	耐热雨性能	经 50 次热雨循环，板面不应出现可见裂纹、分层或其他缺陷
	耐热水性能	60℃水中浸泡 56d 后的试件与对比试件饱水状态抗折强度的比值应不小于 0.80

5. 密封填缝材料

（1）基本要求

1）幕墙采用的橡胶制品宜采用三元乙丙橡胶、氯丁橡胶及硅橡胶；密封胶条应挤出成型，橡胶块宜压成型。胶条要求具有耐紫外线、耐老化、永久变形小、耐污染等特性。

2）密封橡胶条应符合《建筑门窗、幕墙用密封胶条》GB/T 24498—2009 及《工业用橡胶板》GB/T 5574—2008 的规定。

3）玻璃幕墙应采用硅酮建筑密封胶，点支承玻璃幕墙和全玻璃幕墙使用非镀膜玻璃时，可采用酸性硅酮建筑密封胶，夹层玻璃板缝间的密封宜采用中性硅酮建筑密封胶。

（2）建筑密封胶

建筑密封胶主要有硅酮密封胶和聚硫密封胶，聚硫密封胶与硅酮结构密封胶相容性能差，不宜配合使用。聚硫密封胶性能应符合表 1-26 的要求。

聚硫密封胶性能 表 1-26

项目	性能	
	高模量	低模量
可操作时间（h）	≤3	
表干时间性（h）	6～8	

项目	性能	
	高模量	低模量
渗出性（mm）	≤4	
密度（g/cm³）	≤3	
低温弹性（－30℃）	仍保持弹性	
拉伸粘结强度（kPa）	≥4.0	
伸长率（%）	≥100	≥200
恢复率（%）	≥80	≥70
硬度（邵氏A度）	20～50	15～50

硅酮耐候密封胶和硅酮结构密封胶有许多性能要求是相似的，硅酮耐候密封胶更强调耐大气变化、耐紫外线、耐老化的性能，硅酮结构密封胶则更重视其强度、延性、粘结能等力学性能要求。不得用硅酮结构密封胶代替硅酮耐候密封胶，更不得将过期结构硅酮密封胶降级为建筑密封胶用。硅酮建筑密封胶的性能应符合表1-27要求。

硅酮耐候密封胶的性能　　　　　表1-27

项目	技术指标
表干时间（h）	1.5～10
流淌性（mm）	无
凝固时间（d），25℃	3
全面附着（d）	7～14
邵氏硬度	26
极限拉伸强度（N/mm²）	0.11～0.14
污染	无
撕力（N/mm）	3.8
凝固14d后的变位能力（%）	≥25
有效期（月）	9～12

（3）硅酮结构密封胶

硅酮结构密封胶有单组分与双组分两组，单组分结构密封胶是在工厂已配制好，产品形态由一种包装容器构成，本身已处于可直接施用状态的密封胶。单组分密封胶有醋酸基的酸性密封胶和乙醇基的中性密封胶。酸性密封胶在水解反应时会释放醋酸，对镀膜玻璃的镀膜层和中空玻璃的组件有腐蚀作用，不能用于隐框玻璃幕墙；双组分结构密封胶的固化机理是靠向基胶中加入固化剂并充分搅拌混合以触发密封胶固化，固化时表里同时进行固化反应，基胶中结合羟基的进行缩合反应，而结合乙烯基的则进行加聚反应。

玻璃幕墙采用的硅酮结构密封胶，应符合国家标准《建筑用硅酮结构密封胶》GB 16776—2005 的要求，并经国家相关部门批准认可方能使用；其性能应符合行业标准《玻璃幕墙工程技术规范》JGJ 102—2003 相应的要求，并在规定的环境条件下施工。

结构硅酮密封胶应在有效期内使用，过期的结构硅酮密封胶不得使用。

结构硅酮密封胶应采用高模数中性胶；结构硅酮密封胶分单组分和双组分，其性能应符合表 1-28 的规定。

结构硅酮密封胶的性能　　　　　　　　表 1-28

项目	技术指标	
	中性双组分	中性单组分
有效期（月）	9	9～12
施工温度（℃）	10～30	5～48
使用温度（℃）	−40～88	
操作时间（min）	≤30	
表干时间（h）	≤3	
初步固化时间（d），25℃	7	
完全固化时间（d）	14～21	

项目	技术指标	
	中性双组分	中性单组分
邵氏硬度（度）	35~45	
粘结拉伸强度（H形试件）（N/mm²）	≥0.7	
延伸率（哑铃形）（%）	≥100	
粘结破坏（H形试件）	不允许	
内聚力（母材）破坏率（%）	100	
剥离强度（与玻璃、铝）（N/mm）	5.6~8.7（单组分）	
撕裂强度（B模）（N/mm）	4.7	
抗臭氧及紫外线拉伸强度	不变	
污染和变色	无污染和变色	
耐热性（℃）	150	
热失重（%）	≤10	
流淌性	≤2.5	
冷变形（蠕变）	不明显	
外观	无龟裂、无变色	
固化后的变位承受能力（%）	$12.5 \leqslant \delta \leqslant 50$	

（4）低发泡间隔双面胶带

目前国内使用的有两种双面胶带，即聚氨基甲乙酯（又称聚氨酯）和聚乙烯树脂低发泡双面胶带。需根据目前承受的风荷载、高度和玻璃板块的大小，同时结合玻璃、铝合金型材的重量以及注胶厚度选用双面胶带。

根据玻璃幕墙的风荷载、高度和玻璃的大小，可选用低发泡间隔双面胶带。当玻璃幕墙风荷载大于 1.8kN/m² 时，宜选用中等硬度的聚氨基甲乙酯低发泡间隔双面胶带；当玻璃幕墙风荷载小于或等于 1.8kN/m² 时，宜选用聚乙烯低发泡间隔双面胶带。

6. 紧固件

幕墙构件连接，除隐框幕墙玻璃与铝副框采用硅酮结构密封胶连接外，通常用紧固件连接。紧固件把两个以上的金属或非金属构件连接在一起，连接方法分不可拆卸连接和可拆卸连接两类，铆合属于不可拆卸连接，螺纹连接属于可拆卸连接。

紧固件有普通螺栓、螺钉、螺柱和螺母，不锈钢螺栓、螺钉、螺柱和螺母以及抽芯铆钉、自攻自钻螺钉、自攻螺钉等（图1-48）。

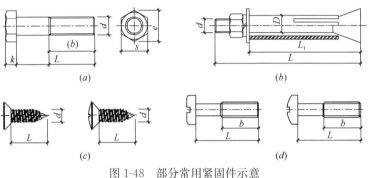

图1-48　部分常用紧固件示意

(*a*) 六角头螺栓—C级；(*b*) 钢膨胀螺栓；
(*c*) 开槽盘头自攻螺钉；(*d*) 开槽圆柱头螺钉

（五）幕墙加工常用机具

幕墙加工常用设备包括型材切割设备、型材钻孔设备、角接口切割机、加工中心、组框机、注胶机等。

1. 锯切类设备

铝门窗幕墙用锯切类设备，主要包括数控双头切割机、数控全自动5轴双头切割机及角接口切割机等。

（1）数控双头切割机

数控双头切割机是铝合金幕墙和门窗工程中较为常见的加工设备，不同生产厂家其技术参数稍有差别，主要用于主型材的下料，锯头大多可以实现22.5°、45°和90°切割，一般可通过手动设置定位装置获得其他特殊角度，适应不同切割要求（图1-49）。

（2）数控全自动5轴双头切割机

图 1-49 数控双头切割机

该设备主要用于铝合金门窗、幕墙型材及工业用铝型材的二维任意角度锯切加工，可完成超长、超短料切割，锯头可以实现22.5°～135°及中间其他角度调整，适应不同切割要求（图1-50）。

（3）角接口切割机

该设备主要用于铝合金幕墙、阳光房、采光天窗型材的端面特殊接口角度和其他特殊设计实现多种方式的切削加工（图1-51）。

图 1-50　数控全自动 5 轴
双头切割机

图 1-51　角接口切割机

2. 钻铣类设备

铝门窗幕墙用钻铣类设备，主要包括多头组合钻床、台式攻钻两用机及万能摇臂铣床等。

（1）多头组合钻床

该设备主要用于铝合金门窗、幕墙铝合金型材的钻孔，特别适用于铝合金型材长料及大批量生产，一般加工长度最大可达到5000mm（图 1-52）。

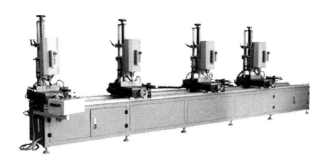

图 1-52　多头组合钻床

（2）台式攻钻两用机

该设备是以攻丝为主要功能，同时可进行钻、扩、铰、镗的多功能小型机床，主要适合在中等强度的钢件上，以及韧性高于中等强度的钢件上切削加工。同时，也适合于在铸件等材料上进行同样的切削加工（图 1-53）。

（3）万能摇臂铣床

万能摇臂铣床可以用来铣削平面，任意角度斜面，沟槽，还可以钻、铰、镗任意角度的孔等，安装特殊附件（插头、磨头）还可进行插削、磨削加工（图 1-54）。

图 1-53　台式攻钻两用机　　　　图 1-54　万能摇臂铣床

3. 组角类设备

铝合金幕墙门窗用组角类设备主要指组角机，组角机是铝合金门窗加工常用设备，包括单头组角机、双头组角机、数控四头组角机等多种形式。

（1）单头组角机

铝门窗单头组角机主要适用于彩色铝窗、隔热铝窗等高档铝合金门窗的加工组装，依托一只液压缸通过机械联动机构保证两侧组角刀具工作完全同步，大大提高了门窗的质量和可靠性，降低了故障率（图 1-55）。

图 1-55 单头组角机

（2）双头组角机

铝门窗双头组角机是高档铝门窗专用设备，可一次完成两个角的角码式冲铆连接（图 1-56）。

（3）数控四头组角机

数控四头组角机主要用于铝门窗高效组装，可一次完成四个角的角码式冲压连接（图 1-57）。

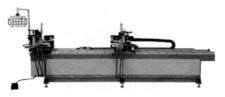

图 1-56 双头组角机

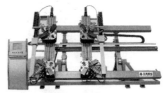

图 1-57 数控四头组角机

4. 加工中心

铝合金幕墙门窗数控加工中心是铝合金型材钻、铣等加工的一体化设备，能够通过软件编程完成复杂的加工工艺，适用各种铝门窗及幕墙型材的安装孔、流水槽、锁孔、形孔、端铣及攻丝等加工工序（图 1-58）。

图 1-58　数控加工中心

5. 剪、折类设备

剪、折类设备主要包括刨槽机、剪板机及折弯机等。

（1）刨槽机

复合金属板材刨槽机适用于复合板的切割、开槽，实现型材折弯处的铣槽加工（图 1-59）。

（2）剪板机

铝合金幕墙用剪板机主要用于钢板、铝单板的剪切（图 1-60）。

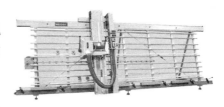

图 1-59　刨槽机

（3）折弯机

铝合金幕墙用折弯机主要用于钢板的折弯加工（图 1-61）。

图 1-60　剪板机

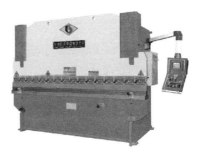

图 1-61　折弯机

6. 组装、工装类设备

铝合金门窗幕墙用组装、工装类设备主要包括双组分打胶机、单元式幕墙自动装配流水线、真空吸盘机等。

（1）双组分打胶机

铝合金门窗幕墙用双组分打胶机主要用于单元幕墙板块、隐框玻璃幕墙及隐框幕墙开启扇结构装配玻璃组件打胶（图1-62）。

（2）单元式幕墙自动装配流水线

单元式幕墙自动装配流水线一般为全自动履带式传送线，主要用于单元幕墙组框拼装及配合自动打胶机组成单元式幕墙板块的自动或半自动化装配流水线（图1-63）。

图 1-62　双组分
打胶机

图 1-63　单元式幕墙
自动装配流水线

二、幕墙基本加工操作

幕墙基本加工操作包括下料切割作业、铝板下料作业、冲切作业、钻孔作业、锣榫加工作业、铣加工作业、铝板组件制作、组角作业、门窗组装作业、清洗及粘框作业、注胶工作、多点锁安装等内容。

（一）下料切割作业

1. 准备

认真阅读图纸及工艺卡片，熟悉掌握其要求。如有疑问，应及时向负责人提出。

2. 检查设备

（1）严查油路及润滑状况，按规定进行润滑。

（2）检查气路及电气线路，气路无泄漏，电气元件灵敏可靠。

（3）检查冷却液，冷却液量足够，喷嘴不堵塞且喷液量适中。

（4）调整锯片进给量，应与材料切割要求相符。

（5）检查安全防护装置，应灵敏可靠。

设备检查完毕应如实填写《设备点检表》。如设备存在问题，不属于工作者维修范围的，应尽快填写《设备故障修理单》交维修班，通知维修人员进行维修。

3. 操作工艺

（1）检查材料，其形状及尺寸应与图纸相符，表面缺陷不超过标准和设计要求。

（2）放置材料并调整夹具，要求夹具位置适当，夹紧力度适中。材料不能有翻动，放置方向及位置符合要求。

（3）当天切割第一根料时应预留 10～20mm 的余量，检查切割质量及尺寸精度，调整机器达到要求后方可进行批量生产。

（4）产品自检。每次移动刀头后进行切割时，工作者需对首件产品进行检测，产品需符合以下质量要求：

1）擦伤、划伤深度不大于氧化膜厚度的 2 倍；擦伤总面积不大于 $500mm^2$；划伤总长度不大于 150mm；擦伤和划伤处数不超过 4 处。

2）长度尺寸允许偏差：立柱，±1.0mm；横梁，±0.5mm。

3）端头斜度允许偏差：$-15'～0°$。

4）截料端不应有明显加工变形，毛刺不大于 0.2 mm。

（5）如产品自检不合格时，应进行分析，如为机器或操作方面的问题，应及时调整或向设备工艺室反映。对不合格品应进行返修，不能返修时，应向班（组）长汇报。

（6）首件检查合格后，方可进行批量生产。

（7）工作后

1）工作完毕，及时填写"设备运行记录"，并对设备进行清扫，在导轨等部位涂上防锈油。

2）关机：关闭机器上的电源开关，拉下电源开关，关闭气阀。

3）及时填写有关记录。

（二）铝板下料作业

1. 准备

（1）按规定穿戴整齐劳动保护用品（工作服、鞋及手套）。

（2）认真阅读图纸，理解图纸，核对材料尺寸。如有疑问，应立即向负责人提出。

2. 检查设备

按操作规程认真检查铝板及各紧固件是否紧固，各限位、定位挡块是否可靠。空车运行两三次，确认设备无异常情况。否则，应及时向负责人反映。

3. 操作工艺

（1）将待加工铝板放置于料台之上，并确保铝板放置平整，根据工件的加工工艺要求，调整好各限位、定位挡块的位置。

（2）进行初加工，留出 3～5mm 的加工余量，调整设备使加工的位置、尺寸符合图纸要求后再进行批量加工。

（3）加工好的产品应按以下标准和要求进行自检：

1）长宽尺寸允许偏差：长边未超过 2m 时：3.0mm；长边超过 2m 时：3.5mm。

2）对角线偏差要求：长边未超过 2m 时：3.0mm；长边超过 2m 时：3.5mm。

3）铝板表面应平整、光滑，无肉眼可见的变形、波纹和凹凸不平。

4）单层铝板平面度：长边未超过 1.5m 时：3.0mm；长边超过 1.5m 时：3.5mm。

5）复合铝板平面度：长边未超过 1.5m 时：2.0mm；长边超过 1.5m 时：3.0mm。

6）铝蜂窝复合板平面度：长边未超过 1.5m 时：1.0mm；长边超过 1.5m 时：2.5mm。

7）检查频率：批量生产前 5 件产品全检，批量生产中按 5％的比例抽检。

（4）下好的料应分门别类地贴上标签，并分别堆放好。

（5）工作结束后，应立即切断电源，并清扫设备及工作场地，做好设备的保养工作。

（三）冲切作业

1. 准备

认真阅读图纸及工艺卡片，熟悉掌握其要求。如有疑问，应及时向负责人提出。

2. 检查设备

（1）检查冷却液及润滑状况，润滑状况良好，冷却液满足要求。

（2）检查电气开关及其他元件，开关、控制按钮及行程开关等电气元件的动作应灵敏可靠。

（3）检查冲模和冲头的安装，应能准确定位且无松动。

（4）检查定位装置，应无松动。

（5）开机试运转，检查刀具转向是否正确，机器运转是否正常。

3. 加工操作工艺

（1）选择符合加工要求的冲模和冲头，安装到机器上，并调整好位置，同时调整冷却液喷嘴的方向（注意：刀具定位装置应锁紧，以免刀具走位造成加工误差）。

（2）检查材料：材料形状尺寸应与图纸相符，并检查上道工序的加工质量，包括尺寸精度及表面缺陷等应符合质量要求。

（3）装夹材料：材料的放置应符合加工要求。

（4）加工：初加工时先用废料加工，然后根据需要调整刀具位置直至符合要求，方可进行批量生产。

（5）每批料或当天首次开机加工的首件产品工作者需自行检查，产品需符合以下质量要求：

1）擦伤、划伤深度不大于氧化膜厚度的 2 倍。

2）擦伤总面积不大于 $500mm^2$。

3）划伤总长度不大于 150mm。

4）擦伤和划伤处数不大于 4 处。

5）毛刺不大于 0.2mm。

6）榫长及槽宽允许偏差为 $-0.5\sim0$mm，定位允许偏差 $+0.5$mm。

（6）如产品自检不合格时，应进行分析，如为机器或操作方面的问题,应及时调整或向设备工艺管理人员反映。对不合格品应进行返修,不能返修时应向负责人汇报。

(7)产品自检合格后,方可进行批量生产。

(8)工作后

1)工作完毕,对设备进行清扫,在导轨等部位涂上防锈油。

2)关机:关闭机器上的电源开关,拉下电源开关,关闭气阀。

3)及时填写有关记录。

(四)钻 孔 作 业

1. 准备

认真阅读图纸及工艺卡片,熟悉掌握其要求。如有疑问,应及时向负责人提出。

2. 检查设备

(1)检查气路及电气线路。气路应无泄漏,气压为 $6\sim8$ Pa,电气开关等元件灵敏可靠。

(2)检查润滑状况及冷却液量。

(3)检查电机运转情况。

(4)开机试运转,应无异常现象。

3. 操作工艺

(1)检查材料。材料形状尺寸应与图纸相符,并检查上道工序的加工质量,包括尺寸及表面缺陷等。

(2)放置材料并调整夹具。夹具位置适当,夹紧力度适中;材料不能有翻动,放置位置符合加工要求。

(3)调整钻头位置、转速、下降速度以及冷却液的喷射量等。

(4)加工。初加工时下降速度要慢,待加工无误后方能进行批量生产。

(5)每批料或当天首次开机加工的首件产品工作者需自行检

测，产品需符合以下质量要求：

1）擦伤、划伤深度不大于氧化膜厚度的 2 倍。

2）擦伤总面积不大于 $500mm^2$。

3）划伤总长度不大于 150mm。

4）擦伤和划伤处数不大于 4 处。

5）毛刺不大于 0.2mm。

6）孔位允许偏差为 ±0.5mm，孔距允许偏差为 ±0.5mm，累计偏差不大于 ±1.0mm。

（6）如产品自检不合格时，应进行分析，如为机器或操作方面的问题，应及时调整或向设备工艺室反映。对不合格品应进行返修，不能返修时应向负责人汇报。

（7）产品自检合格后，方可进行批量生产。

（8）工作后

1）工作完毕，对设备进行清扫，在导轨等部位涂上防锈油。

2）关机。关闭机器上的电源开关，拉下电源开关，关闭气阀。

3）及时填写有关记录。

（五）锣榫加工作业

1. 准备

认真阅读图纸及工艺卡片，熟悉掌握其要求。如有疑问，应及时向负责人提出。

2. 检查设备

（1）检查冷却液及润滑状况，润滑状况良好，冷却液满足要求。

（2）检查电气开关及其他元件，开关、控制按钮及行程开关等电气元件的动作应灵敏可靠。

（3）检查铣刀安装装置，应能准确定位且无松动。

（4）检查定位装置，应无松动。

（5）开机试运转，检查刀具转向是否正确，机器运转是否正常。

3. 操作工艺

（1）选择符合加工要求的铣刀，安装到机器上，并调整好位置，同时调整冷却液喷嘴的方向（注意：刀具定位装置应锁紧，以免刀具走位造成加工误差）。

（2）检查材料。材料形状尺寸应与图纸相符，并检查上道工序的加工质量，包括尺寸精度及表面缺陷应符合质量要求。

（3）装夹材料。材料的放置应符合加工要求。

（4）加工。初加工时应有 2～3mm 的加工余量，或先用废料加工，然后根据需要调整刀具位置直至符合要求，方可进行批量生产。

（5）每批料或当天首次开机加工的首件产品工作者需自行检测，产品需符合以下质量要求：

1）擦伤、划伤深度不大于氧化膜厚度的 2 倍。

2）擦伤总面积不大于 $500mm^2$；划伤总长度不大于 150mm。

3）擦伤和划伤处数不大于 4 处。

4）毛刺不大于 0.2mm。

5）榫长及槽宽允许偏差为 $-0.5～0mm$，定位允许偏差 $\pm0.5mm$。

（6）如产品自检不合格时，应进行分析，如为机器或操作方面的问题，应及时调整或向设备工艺室反映。对不合格品应进行返修，不能返修时应向负责人汇报。

（7）产品自检合格后，方可进行批量生产。

（8）工作后

1）工作完毕，对设备进行清扫，在导轨等部位涂上防锈油。

2）关机。关闭机器上的电源开关，拉下电源开关，关闭气阀。

3）及时填写有关记录。

（六） 铣加工作业

1. 准备

认真阅读图纸及工艺卡片，熟悉掌握其要求。如有疑问，应及时向负责人提出。

2. 检查设备

(1) 检查设备润滑状况，应符合要求。

(2) 检查电气开关及其他元件，动作应灵敏可靠。

(3) 冷却液量应足够。

(4) 检查设备上的紧固件应无松动。

(5) 开机试运转，设备应无异常。

3. 操作工艺

(1) 按加工要求选择模板和刀具，安装到设备上。

(2) 检查材料。材料形状尺寸应与图纸相符，并检查上道工序的加工质量，包括尺寸精度及表面缺陷等应符合质量要求。

(3) 调整铣刀行程及喷嘴位置。

(4) 加工。初加工时应先用废料加工或留有 $1\sim3$mm 的加工余量，然后根据需要进行调整，直至加工质量符合要求，方可进行批量生产。

(5) 每批料或当天首次开机加工的首件产品工作者需自行检测，产品需符合以下质量要求。

1) 擦伤、划伤深度不大于氧化膜厚度的 2 倍。

2) 擦伤总面积不大于 500mm²。

3) 划伤总长度不大于 150mm。

4) 擦伤和划伤处数不大于 4 处。

5) 毛刺不大于 0.2mm。

6) 孔位允许偏差为 ±0.5mm，孔距允许偏差为 ±0.5mm，累计偏差不大于 ±1.0mm。

7) 槽及豁的长、宽尺寸允许偏差为 0～+0.5mm，定位允许偏差±0.5mm。

（6）如产品自检不合格时，应进行分析，如为机器或操作方面的问题，应及时调整或向设备工艺室反映。对不合格品应进行返修，不能返修时应向负责人汇报。

（7）产品自检合格后，方可进行批量生产。

（8）工作后

1）工作完毕，对设备进行清扫，在导轨等部位涂上防锈油。

2）关机。关闭机器上的电源开关，拉下电源开关，关闭气阀。

3）及时填写有关记录。

（七）铝板组件制作

1. 准备

认真阅读图纸，理解图纸，核对铝板组件尺寸。

2. 检查设备

（1）检查风钻、风批及风动拉铆枪是否能够正常使用。

（2）检查组件（包括铝板、槽铝、角铝等加工件）尺寸、方向是否正确、表面是否有缺陷等。

3. 操作工艺

（1）将铝板折弯，达到图纸尺寸要求。

（2）在槽铝上贴上双面胶条，然后按图纸要求粘贴在铝板的相应位置并压紧。

（3）用风钻配置铝板与槽铝拉铆钉孔。

（4）用风动拉铆枪将铝板和槽铝拉铆连接牢固。

（5）将角铝（角码）按图纸尺寸与相应件配制并拉铆连接牢固。

（6）工作者需按以下标准对产品进行自检：

1）复合板刨槽位置尺寸允许偏差±1.5mm；刨槽深度以中间层的塑料填充料余留 0.2～0.4mm 为宜；单层板折边的折弯

高度差允许偏差±1mm。

2）长度尺寸偏差要求：长边未超过 2m：3.0mm；长边超过 2m：3.5mm。

3）对角线偏差要求：长边未超过 2m：3.0mm；长边超过 2m：3.5mm。

4）角码位置允许偏差 1.5mm，且铆接牢固；组角缝隙不大于 2.0mm。

5）铝板表面应平整、光滑，无肉眼可见的变形、波纹和凹凸不平，铝板无严重表观缺陷和色差。

6）单层铝板平面度：当长边未超过 2m 时：不大于3.0mm；当长边超过 2m 时：不大于 5.0mm。

7）铝蜂窝复合板平面度：当长边未超过 2m 时：不大于2.0mm；当长边超过 2m 时：不大于 3.0mm。

8）蜂窝铝板平面度：当长边未超过 2m 时：不大于1.0mm；当长边超过 2m 时：不大于 2.0mm。

（7）出现以下问题时，工作者应及时处理，处理不了时立即向负责人反映：

1）长宽尺寸超差：返修或报废。

2）对角线尺寸超差：调整、返修或报废。

3）表面变形过大或平整度超差：调整、返修或报废。

4）铝板与槽铝或角铝铆接不实：钻掉重铆，铆接时应压紧。

5）组角间隙过大：挫修、压实后铆紧。

（8）工作完毕，应清理设备及清扫工作场地，做好工具的保养工作。

（八）组 角 作 业

1. 准备

认真阅读图纸，理解图纸，核对框（扇）料尺寸。如有疑问，应立即向负责人提出。

2. 检查设备

检查组角机气源三元件，并按规定排水、加润滑油和调整压力至工作压力范围内。具体检查项目为：

（1）气路无异常，气压足够。

（2）无漏气、漏油现象。

（3）在润滑点上加油，进行润滑。

（4）液压油量符合要求。

（5）开关及各部件动作灵敏。

（6）开机试运转无异常。

3. 操作工艺

（1）选择合适的组角刀具，并牢固安装在设备上。

（2）调整机器位置和角度，特别是调整组角刀的位置和角度。挤压位置一般距角 50mm，若不符，则调整到正确位置。

（3）空运行 1～3 次，如有异常，应立即停机检查，排出故障；检查各待加工件是否合格，是否已清除毛刺，是否有划伤、色差等缺陷，所穿胶条是否合适。

（4）组角（图纸如有要求，组角前在各连接处涂少量窗角胶，并在撞角前再在角内垫上防护板），并检测间隙。

（5）组角后应进行产品自检。每次调整刀具后所组的首件产品工作者需自行检测，产品需符合以下质量要求：

1）对角线尺寸偏差：长边未超过 2m：不大于 2.5mm；长边超过 2m：不大于 3.0mm。

2）接缝高低差：不大于 0.5mm。

3）装配间隙：不大于 0.5mm。

4）对于较长的框（扇）料，其弯曲度应小于相关的规定，表面平整，无肉眼可见的变形、波纹和凹凸不平。

5）组装后框架无划伤，各加工件之间无明显色差，各连接处牢固，无松动现象。

6）整体组装后保持清洁，无明显污物；产品质量不合格，应返修。如为设备问题，应向设备工艺管理部门反馈。

（6）工作结束后，切断电（气）源，并擦洗设备及清扫工作场地，做好设备的保养工作。

（7）及时填写有关记录。

（九）门窗组装作业

1. 准备

认真阅读图纸，理解图纸，核对下料尺寸。如有疑问，应及时向负责人提出。

2. 检查设备

准备风批、风钻等工具，按点检要求检查组角机。发现问题应及时向负责人反映。

3. 操作工艺

（1）清点所用各类组件（包括标准件、多点锁等），并根据具体情况放置在相应的工作地点。

（2）检查各类加工件是否合格，是否已清除毛刺，是否有划伤、色差等缺陷。

（3）对照组装图，现场对部分组件穿胶条。

（4）配制相应的框料或角码。

（5）按先后顺序由里至外进行组装。

（6）组角（组角前在各连接处涂少量窗角胶，并在撞角前再在窗角内垫上防护板）。

（7）焊接胶条。

（8）装执手、铰链等配件。

（9）装多点锁。

（10）在接合部、工艺孔和螺钉孔等防水部位涂上耐候胶以防水渗漏。

（11）产品自检。工作者应对组装好的产品进行全数检查，组装好的产品应符合以下标准：

1）对角线控制：长边未超过 2m；不大于 2.5mm；长边超

过 2m：不大于 3.0mm。

2）接缝高低差：不大于 0.5mm。

3）装配间隙：不大于 0.5mm。

4）组装后的框架无划伤。

5）各加工件之间无明显色差。

6）多点锁及各五金件活动自如，无卡住等现象。

7）各连接处牢固，无松动现象。

8）各组件均无毛刺、披锋等。

9）密封胶条连接处焊接严实，无漏气现象。

10）对于较长的框（扇）料，其弯曲度应小于规定，表面平整，无肉眼可见的变形、波纹和凹凸不平。

11）整体组装后保持清洁，无明显污物。

（12）对首件组装好的窗扇（或门扇）需进行防水检验。具体方法为：用纸张检查扇与框的压紧程度（抽纸试验），或直接用水喷射，检查是否漏水。

（13）组装好的产品应分类堆放整齐，并进行产品标识。

（14）工作结束后，立即切断电（气）源，并擦拭设备及清扫工作场地，做好设备的保养工作。

（15）出现以下问题时应及时处理：

1）加工件毛刺未清、有划伤或色差较大：返修或重新下料制作。

2）对角线尺寸超差：调整或返修。

3）组角不牢固：调整组角机或反馈至设备工艺室进行处理后再进行组角。

4）锁点过紧：调整多点锁紧定螺钉或锉修润滑槽。

5）连接处间隙过大：返修或缝隙处打同颜色的结构胶。

6）漏水。进行调整，直到合格为止，然后按已经确认合格的产品的组装工艺进行组装。

（16）工作完毕，及时填写有关记录并清扫周围环境卫生。

（十）清洗及粘框作业

1. 准备

认真阅读、理解图纸，核对玻璃、框料及双面胶的尺寸是否与图纸相符。如有疑问，应立即向责任人提出。

2. 检查设备

（1）所用的清洁剂需经检验部门检查确认。同时，可将清洁剂倒置进行观察，应无混浊等异常现象。

（2）按以下标准检查上道工序的产品质量：

1）对角线控制：长边未超过 2m：不大于 2.5mm；长边超过 2m：不大于 3.0mm。

2）接缝高低差控制：不大于 0.5mm。

3）装配间隙控制：不大于 0.5mm。

检查过程中如发现问题，应及时处理，解决不了时应立即向责任人反映。

3. 操作工艺

（1）撕除框料上影响打胶的保护胶纸。

（2）用"干湿布法"（或称"二块布法"）清洁框料和玻璃：将合格的清洁剂倒入干净而不脱毛的白布后，先用沾有清洁剂的白布清洁粘贴部位，接着在溶剂未干之前用另一块干净的白布将表面残留的溶剂、松散物、尘埃、油渍和其他脏物清除干净。禁止用抹布重复沾入溶剂内，已带有污渍的抹布不允许再使用。

（3）在框料的已清洁处粘贴双面胶条。

（4）将玻璃与框对正，然后粘贴牢固。

（5）玻璃与铝框偏差不大于 1mm。

（6）玻璃与框组装好后，应分类摆放整齐。

（7）粘好胶条及玻璃后若因设备等原因未能在 15～30min 内注胶，应取下玻璃及胶条，重新清洁后粘贴胶条和玻璃，然后方可注胶。

（8）工作完成清扫场地。

（十一）注 胶 工 作

1. 准备

注胶房内应保持清洁，温度在 5～30℃ 之间，湿度在 45%～75% 之间。

2. 检查设备

（1）按注胶机操作规程及点检项目要求检查设备，点检项目为：

1）检查气源气路，气压应足够，且无泄漏现象。

2）检查润滑装置应作用良好。

3）各开关动作灵活。

4）各仪表状态良好。

5）检查空气过滤器。

6）出胶管路及接头无泄漏或堵塞。

7）胶枪使用正常。

8）开机试运行，出胶、混胶均正常，无其他异常现象。

（2）检查上道工序质量。玻璃与铝框位置偏差应不大于 1mm，双面胶不走位，框料及玻璃的注胶部位无污物。

3. 操作工艺

（1）清洁粘框后需在 60min 内注胶，否则应重新清洁粘框。

（2）确认结构胶和清洁剂的有效使用日期。

（3）配胶成分应准确，双组分结构胶白胶与黑胶的重量比例应为 12∶1（或按注胶的要求确定比例），同时进行"蝴蝶试验"及拉断试验，符合要求后方可注胶。

（4）注胶过程中应时刻观察胶的变化，应无白胶或气泡。

（5）注胶后应及时刮胶，刮胶后胶平面应平整饱满，特别注意转角处要有棱角。

（6）出现以下问题时，应及时进行处理：

1) 出现白胶：应立即停止注胶，进行调整。

2) 出现气泡：应立即停止注胶，检查设备运行状况和黑、白胶的状态，排除故障后方可继续进行。

（7）工作完毕或中途停机 15min 以上，必须用白胶清洗混胶器。

（8）及时填写《注胶记录》。

（9）清洁环境卫生。

（十二）多点锁安装

1. 准备

认真阅读图纸，理解图纸，核对窗（或门）框料尺寸及多点锁型号及锁点数量。

2. 检查设备

准备风钻、风批等工具。

3. 操作工艺

（1）清点所用组件，并放置于相应的工作地点备用。

（2）先将锁点铆接到相应的连动杆上。

（3）清除钻孔等产生的毛刺。

（4）安装多点锁。按先内后外，先中心后两边的顺序组装各配件。先装入主连动杆，并将其与锁体相连接。

（5）装入转角器及其他连动杆，并将固定螺钉拧紧。固定大转角器时，应将锁调到平开位置（大转角器的伸缩片上有两个凸起的点，旁边有一方框，将两个点调到方框的中间位置）。

（6）锁的所有配件上的螺钉，其头部需拧紧至与配件的表面平齐。

（7）定铰链位置时，需保证安装在它端头的活页与窗扇（或门扇）的边缘相距 1mm 左右（活页上的螺钉孔需与铰链上的螺钉孔对齐）；活页尽可能只装一次，如反复拆装将会对其上的螺纹造成损坏。

（8）安装把手，检查多点锁的安装效果。要求组装后其松紧程度适中，无卡涩现象。如出现以下问题，应及时处理：

1）锁开启过紧：修整连接杆及槽内的毛刺，调整固定螺钉松紧程度。

2）锁点位置不对：对照图纸进行检查修正。

（9）为保证产品在运输途中不被碰伤，窗锁及合页等高出扇料表面的配件暂不安装，把手在检查多点锁安装效果后应拆除，到工地后再安装。

（10）产品自检

1）每件产品均需检查多点锁的安装效果。

2）首件产品需装到框上，检查多点锁的安装效果和扇与框的配合效果，并检查扇与框组装后的防水性能。如不符合要求，应调整直至合格，然后按此合格品的组装工艺进行批量组装。

3）批量组装时按5％的比例抽查扇与框的配合效果。

（11）工作完毕，打扫周围环境卫生。

三、幕墙构件加工制作

幕墙构件加工制作主要包括铝合金构件加工制作和钢构件加工制作两部分，钢构件又包括预埋件、连接件、钢结构及索（杆）结构的加工制作等。

（一）基 本 规 定

1. 一般规定

（1）幕墙构件应按照复测放线和变更设计后的幕墙施工设计图进行加工和组装。加工制作前应与土建施工图进行核对，对已建主体结构进行复测，并应按实测结果对幕墙设计进行必要调整。

幕墙构件应根据幕墙加工图进行加工，幕墙加工图应依据幕墙施工图进行设计，幕墙施工图应依据现场复测结果进行调整。

幕墙结构属于建筑外围护结构，在幕墙施工前应对主体结构进行复测。当其误差超过幕墙设计图纸中的允许值时，一般应调整幕墙设计图纸，原则上不允许对原主体结构进行破坏性修整。

（2）加工幕墙构件所采用的设备、机具应满足幕墙构件加工精度和光洁度的要求，计量器具应按规定进行检测和计量认证，加工设备应精心保养，及时检修。

加工幕墙构件的设备、机具和量具，都应符合有关要求，并定期进行检查和计量认证，以保证加工产品的质量。设备的加工精度、光洁度、量具的精度等，均应及时进行检查、维护和计量认证。

（3）幕墙用材料的质量资料必须齐全，定尺应符合要求，严禁使用不合格产品。尚无相应标准的材料应符合设计要求，同时除应有出厂合格证、质保书及必要的检验报告外，还应满足工程所在地建设行政主管部门相关规定要求。

（4）构件加工、单元式幕墙的单元组件加工、隐框幕墙的装配组件加工均应在工厂的车间内进行，如有少量构件必须在现场加工，应在现场划出足够的场地，设置封闭的加工车间。

（5）采用硅酮结构密封胶粘结固定隐框玻璃幕墙、玻璃幕墙开启扇构件时，应在洁净、通风的室内进行注胶，且环境温度、湿度条件应符合结构胶产品的规定；结构胶的宽度和厚度应符合设计和计算要求。

（6）除全玻璃幕墙外，不应在现场打注硅酮结构密封胶；硅酮结构密封胶不宜作为硅酮建筑密封胶使用。

（7）构件加工前应认真核对加工图纸的具体尺寸和技术要求，如有疑问，应及时向设计人员反映。

（8）构件加工前应进行首件试制，首件试制合格后方能进行批量生产。

（9）幕墙构件应按同一种类构件数量的5％进行抽样检查，且每种构件不得少于5件；当有一个构件不符合上述规定时，应加倍抽样复查，全部合格后方可出厂。

（10）专业化程度高的构件，如玻璃、石材、人造板材及大型弯制加工件等应由专业化公司加工制作。

2. 清洁要求

（1）对幕墙构件、板块及支撑处的清洁工作应按下列步骤进行：

1）把溶剂倒在一块干净布上，用该布将被粘物表面的尘埃、油渍、霜和其他脏物清除，然后用第二块布将表面擦干。

2）对板块槽口可用干净布包裹油灰刀进行清洗。

3）清洗后的构件，应在15～30min内进行密封，当再度污染时，应重新清洗。

4）清洗下一个构件或板块时，应更换清洁的干布。

（2）清洁中使用的溶剂应符合下列要求：

1）不应将擦布放在溶剂里，应将溶剂倾倒在擦布上。

2）使用和储存溶剂，应用干净的容器。

3）使用溶剂的场所严禁烟火。

4）应遵守所用溶剂说明书上注意事项。

3. 构件检验

（1）幕墙加工制作应实行全过程质量控制，并保留检验和控制记录。

（2）幕墙材料的检验检测宜设置专门的检测部门，配备专业的人员与设备。

（3）产品在进行大面积加工制作前，应进行样板制作。

（4）质量控制应执行首样检验、过程检验和出厂检验。

（5）幕墙构件应按构件总数的 5% 进行随机抽样检查，且每种构件不得少于 5 件。有一个构件不符合要求时，应加倍抽查，复查合格后方可出厂。

（6）幕墙构件出厂时，应附有构件合格证书。

4. 包装、储存和运输

（1）幕墙材料不宜露天存放。对存放环境有温度和湿度要求的材料，应有调温和调湿措施。

（2）加工好的石材面板应存放在通风良好的仓库内，其与水平面夹角不应小于 85°。

（3）幕墙构件在运输过程中应采取相应的保护措施，避免擦伤和碰伤。

（4）幕墙构件应使用无腐蚀作用的材料包装，且包装应满足装卸和运输要求。

（5）运输过程中，应采用有足够承载力和刚度的专用货架，并采用可靠的措施保证幕墙构件与货架之间不会发生位移、摩擦、碰撞或挤压变形。

（6）幕墙构件在仓储过程中不允许直接接触地面，应采用不透水的材料将部件底部垫高 100mm 以上。构件应放置在专用货架上，并采取防止构件变形、划伤、碰伤的支承防护措施。构件之间不得相互层叠存放，且应按生产和安装顺序编号并明确标识，不宜频繁起吊移位和翻转倾覆。

（二）铝合金型材

铝型材的幕墙加工，按照工序划分为截料，制孔，槽、豁、榫加工，弯加工等。加工质量应满足设计要求和相应的标准。

1. 加工设备与机具

洁净的加工车间、双头切割机、冲床、仿形铣床、多功能机床、组角机、专用攻丝机及其他机具等。

2. 工艺流程

编制铝合金构件加工工艺卡—优化计算—划线—首件试制—批量加工—检验—贴保护胶带—运送工地。

3. 加工制作工艺

（1）根据施工图编制铝合金构件加工工艺卡。

（2）铝合金构件下料前应进行优化计算，做到材尽其用。

（3）批量大的构件应制作靠模进行加工，批量小的构件可采用划线加工。划线前应确认基准面，遇到分左右的杆件，划线时应对称放置，采用同一基准划线；多孔位的杆件，应用累计尺寸划线，避免积累误差。划线结束后应进行自检，防止出现划线错误。

（4）铝合金构件钻、铣加工前，应检查钻床、铣床状态是否良好，遵守相关设备的操作要求；装、夹工件及刀夹具时必须牢固可靠，不能有松动现象；调整好钻、铣速度，先进行首件试制，确定完全合格后，再进行批量加工。

（5）铝合金型材加工工作台应经常保持清洁，防止铝屑在加工过程中划伤铝合金构件表面。

（6）加工结束后应按规定进行抽样检验，并填写工序检验记录。

（7）加工结束后的铝合金构件表面应贴保护胶带。保护胶带应纵向粘贴，中间尽量减少接头。胶带应铁平、贴牢，中间无大的气泡。搬运过程中，如发现保护胶带脱落或撕裂，应检查脱落或撕裂的表面是否擦伤，如构件表面并无擦伤，必须进行补贴后再运送到工地；如发现表面擦伤超过规定标准，应按不合格品处理。不得将不合格品粘贴保护胶带后运送工地。

4. 加工质量标准

（1）铝合金构件截料之前应进行校直调整。由于运输、搬运、存储等原因，幕墙铝合金型材在截料前应对铝型材的弯曲度、扭拧度进行检查，不应使用超偏的铝型材；超偏的需使用适当的机械方法进行校直调整，直至符合设计要求。

（2）下料件尺寸允许偏差应符合表 3-1 的规定；下料示意如图 3-1 所示。

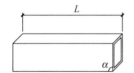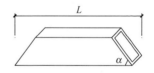

图 3-1　下料示意

下料件尺寸允许偏差（mm）　　表 3-1

名称	允许偏差	测量方法
长度	立柱：±0.5； 横梁：±0.5； 其他：−1.0	钢板尺或钢卷尺
角度 α	15′	万能角尺

（3）截料端头不应有加工变形，并应去除毛刺。

（4）铝合金构件槽口尺寸允许偏差应符合表 3-2 的规定；下料示意如图 3-2 所示。

槽口尺寸允许偏差（mm）　　　　　表 3-2

项目	a	b	c
允许偏差	+0.5, 0.0	+0.5, 0.0	±0.5

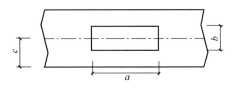

图 3-2　槽口示意

槽口的长度和宽度只允许正偏差，不允许负偏差，以防止出现装配受阻；型材中线到边部距离可以是正偏差，也可以是负偏差。

（5）铝合金构件榫口尺寸允许偏差应符合表 3-3 的规定；下料示意如图 3-3 所示。

榫头尺寸允许偏差（mm）　　　　　表 3-3

项目	a	b	c
允许偏差	0.0, −0.5	0.0, −0.5	±0.5

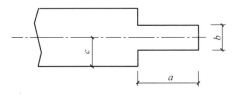

图 3-3　榫头示意

榫头的长度和宽度只允许负偏差，不允许正偏差，因为幕墙用铝合金型材的几何形状是热加工、冷加工或冲压成型，非机械加工成型，所以，配合尺寸难以十分准确地控制，只能控制主要方面，以便配合安装施工。

（6）铝合金构件豁口尺寸允许偏差应符合表 3-4 的规定；下

料示意如图 3-4 所示。

豁口尺寸允许偏差（mm）　　　　　　　表 3-4

项目	a	b	c
允许偏差	+0.5，0.0	+0.5，0.0	±0.5

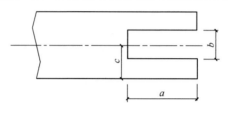

图 3-4　豁口示意

（7）孔位的允许偏差为 ±0.5mm，孔距的允许偏差为
±0.5mm，累计偏差为 ±1mm；螺钉底孔直径、偏差及钻头直
径应符合表 3-5 的规定；螺栓、螺钉用通孔尺寸应符合表 3-6 的
规定；铆钉用通孔尺寸应符合表 3-7 的规定；自攻钉底孔直径应
符合表 3-8 的规定。

螺钉底孔直径及钻头直径（mm）　　　　　表 3-5

螺纹规格	螺距	底孔直径、偏差	钻头直径
M5	0.8	4.2+0.09	4.2
M6	1.0	5.0+0.12	5.0
M8	1.25	6.7+0.17	6.7

螺栓、螺钉用通孔尺寸（mm）　　　　　表 3-6

螺纹规格 d（mm）	通孔直径 d_1（mm）
M4	4.5+0.18
M5	5.5+0.18
M6	6.6+0.22
M8	9.0+0.22
M10	11.0+0.27

螺纹规格 d（mm）	通孔直径 d_1（mm）
M12	13.5＋0.27
M14	15.5＋0.27

铆钉用通孔尺寸（mm） 表3-7

铆钉公称直径 d	3.0	3.5	4.0	5.0
通孔直径	3.1＋0.18	3.6＋0.18	4.1＋0.18	5.2＋0.18

自攻钉底孔直径（mm） 表3-8

螺纹规格	最小底孔直径	最大底孔直径
ST3.9	3.24	3.29
ST4.2	3.43	3.48
ST4.8	4.015	4.065
ST5.5	4.735	4.785
ST6.3	5.475	5.525

（8）铆钉的通孔尺寸偏差应符合现行国家标准《紧固件　铆钉用通孔》GB 152.1—1988 的规定。

（9）沉头螺钉的沉孔尺寸偏差应符合现行国家标准《紧固件　沉头螺钉用沉孔》GB 152.2—2014 的规定；沉孔尺寸见图3-5；沉头、半沉头螺钉用沉孔尺寸见表3-9；沉头、半沉头自攻螺钉用沉孔尺寸见表3-10。

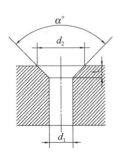

图3-5　沉孔尺寸图

沉头、半沉头螺钉用沉孔尺寸（mm） 表3-9

螺纹规格	M4	M5	M6
d	9.6＋0.22	10.6＋0.27	12.8＋0.27
t	2.7	2.7	3.3

续表

螺纹规格	M4	M5	M6
d	4.5+0.18	5.5+0.18	6.6+0.22
α	—	90°−2°	—

沉头、半沉头自攻螺钉用沉孔尺寸（mm）　表 3-10

螺纹规格	ST3.9	ST4.2	ST4.8	ST5.5	ST6.3
d	9.1+0.22	9.4+0.22	10.4+0.27	11.5+0.27	12.6+0.27
t	2.5	2.6	2.8	3	3.2
d	4.1+0.18	4.5+0.18	5.1+0.18	5.8+0.18	6.7+0.22
a	—			90°−2°	

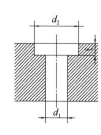

图 3-6　圆柱头沉孔尺寸图

（10）圆柱头、螺栓的沉孔尺寸偏差应符合现行国家标准《紧固件　圆柱头用沉孔》GB 152.3—1988 的规定；圆柱头螺钉用圆柱头沉孔尺寸见图 3-6；圆柱头螺钉用圆柱头沉孔尺寸应符合表 3-11 的规定。

（11）螺钉孔的加工应符合设计要求。

（12）型材加工应在专用设备上采用定位加工，以保证其加工精度。若加工件品种较多或比较复杂，可进行划线后加工。

圆柱头螺钉用圆柱头沉孔尺寸（mm）　表 3-11

螺纹规格	M4	M5	M6
d	6.0+0.22	10.0+0.22	11.0+0.27
t	4.6	5.7	6.8
d	4.5+0.18	5.5+0.18	6.6+0.22

（13）铝合金构件拉弯加工时，宜采用拉弯设备进行弯加工；拉弯加工后的构件表面应光滑，不得有皱折、凹凸和裂纹。

（三）钢　构　件

1. 加工设备与机具

剪板机、折弯机、等离子切割机、钻孔机、电焊机及氧、乙炔切割机具和其他机具等。

2. 工艺流程

编制钢构件加工工艺卡—首件试制—批量下料—加工和焊接—表面清理—防腐处理—验收—运送工地。

3. 加工制作工艺

（1）平板型预埋件

1）根据图纸编制平板型预埋件加工工艺卡。

2）钢件下料。按钢件边长调整剪板机的定位焊，试剪。检测边长，边长合格后进行批量下料。

3）锚筋下料。按锚筋长度调整切割机的定位焊，试切。检测长度，长度合格后进行批量下料。

4）平板型预埋件组装焊接。制作定位靠模，将钢件和锚筋定位，用电焊机进行焊接、脱模。

5）表面清理。平板型预埋件组装焊接后，应将焊渣清理干净。

6）预埋件的钢件宜采用 Q235 级钢。锚筋应采用 HPB235、HRB335 或 HRB400 级热轧钢筋，严禁采用冷加工钢筋。

7）预埋件的受力直锚筋不宜少于 4 根，其直径不宜小于8mm，且不宜大于25mm；受剪预埋件的直锚筋可采用 2 根，预埋件的锚筋应放置在构件的外排主筋的内侧。

8）直锚筋与钢件应采用 T 形焊。当锚筋直径不大于20mm时，宜采用压力埋弧焊；当锚筋直径大于20mm时，宜采用穿孔塞焊。当采用手工焊时，焊缝高度不宜小于 6mm 及 $0.5d$（HPB235 级钢筋，d 为锚筋直径）或 $0.6d$（HRB335 或 HRB400 级钢筋，d 为锚筋直径）。

9）受拉直锚筋和弯折锚筋的锚固长度应符合《玻璃幕墙工程技术规范》JGJ 102—2003 的有关规定。

（2）槽型预埋件

1）根据图纸编制槽型预埋件加工工艺卡。

2）槽钢件下料。按槽钢件边长调整剪板机的定位杆，试剪。检测边长、边长合格后进行批量下料。

3）锚筋下料。按锚筋长度调整切割机的定位焊，试切。检测长度，长度合格后进行批量下料。

4）槽钢件压型冲孔。制作冲压模具，调整冲床的定位装置，试冲，检测孔位，合格后进行批量冲压。

5）槽型预埋件组装焊接。制作定位靠模，将槽钢件和锚筋定位，用电焊机进行焊接、脱模。

6）表面清理。槽型预埋件组装焊接后，应将焊渣清理干净。

7）预埋件检验合格后，表面及槽内刷涂防锈漆两遍，进行防腐处理。

（3）连接件、支承件

1）根据图纸编制连接件、支承件加工工艺卡。

2）连接件、支承件是重要受力部件，必须严格控制下料宽度。连接件、支承件下料时按宽度调整剪板机的定位杆，试剪。检测宽度，宽度合格后进行批量下料。

3）连接件、支承件折弯。连接件、支承件应在折弯机上进行折弯，不宜用冲床折弯，应控制回弹量，折弯成 90°±1°。

4）连接件、支承件冲孔。制作冲压模具，调整冲床的定位装置，试冲。检测孔位，完全合格后进行批量冲压。

5）防腐处理。连接件、支承件检验合格后，吊装入热浸镀锌槽进行热浸镀锌处理。

6）钢型材立柱及横梁的加工应符合现行国家标准《钢结构工程施工质量验收规范》GB 50205—2001 的有关规定。

（4）幕墙支承钢结构

1）应合理划分拼接单元。

2）根据支承钢结构复测放线后的数据和变更后的设计图纸，编制支承钢结构的加工工艺卡。

3）小型钢材按设计长度调整切割机的定位杆，试切。检测长度是否符合设计尺寸，合格后进行批量下料。

4）大型钢材下料时应用量具划线，核对无误后，再用等离子切割机切割。

5）钢管桁架应按计算的相贯线，制作靠模，采用等离子切割机或数控机床切割加工。

6）钢型材拉弯时应采用拉弯设备弯制或由专业化公司加工制作。弯制时应留足液压夹具的拉夹长度，弯制的有效长度内应用靠模检查圆弧是否正确，如有误差，应重新调整拉弯靠模的弧度，再行拉弯，直至完全符合设计要求。

7）支承钢结构的部件组装焊接。在组装平台上用定位夹具，将支承钢结构的组装配件定位夹紧，用电焊机进行焊接；焊接工作量大时，应采取反变形措施。

（5）索（杆）构件

1）钢拉索、拉杆加工除应符合现行国家标准《索结构技术规程》JGJ 257—2012、《钢拉杆》GB/T 20934—2016 的相关规定外，尚应符合下列要求：

① 拉索、拉杆应进行拉断试验。

② 钢拉杆、拉索不应采用焊接连接。

③ 自平衡索桁架应在工作台座上进行拼装，并应防止表面损伤。

2）拉索（杆）与端头不宜进行焊接。

3）索（杆）桁架结构体系均为不锈钢件的，应由专业化公司加工制作。除两端的转接件可采用焊接外，其他部位均在工作台上采用机械连接进行拼装，并应防止表面损伤。

4）截断后的钢索应采用挤压机进行套筒固定。

5）支承钢结构的表面处理。除不锈钢件外，支承钢结构组装焊接后，应将焊渣清理干净，经验收合格后，进行防腐处理。

（6）钢构件加工制作质量标准

1）平板型埋件锚板边长允许偏差为±5mm，一般锚筋长度的允许偏差为+10mm，两面为整块锚板的穿透式预埋件的锚筋长度的允许偏差为+5mm，均不允许负偏差；圆锚筋的中心线的允许偏差为±5mm，锚筋与锚板面的垂直度允许偏差为 $I_s/30$（I_s 为锚固钢筋长度，单位 mm）。

2）槽型预埋件长度、宽度和厚度允许偏差分别为+10mm、+5mm 和+3mm，不允许负偏差；槽口的允许偏差为+1.5mm，不允许负偏差；锚筋长度的允许偏差为+5mm，不允许负偏差；锚筋中心线为+1.5mm，不允许负偏差；锚筋与槽板的垂直度允许偏差为 $I_s/30$（I_s 为锚固钢筋长度，单位 mm）。

3）连接件、支承件外观应平整，不得有裂纹、毛刺、凹凸、翘曲、变形等缺陷。

4）连接件、支承件加工尺寸（图 3-7）允许偏差应符合表 3-12的要求。

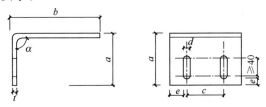

图 3-7　连接件、支撑件尺寸示意

连接件、支承件尺寸允许偏差（mm）　　表 3-12

项目	允许偏差
连接件高 a	+5，−2
连接件长 b	+5，−2
孔距 c	±1.0
孔宽 d	+1.0，0
边距 e	+1.0，0
壁厚 f	+5，−0.5
弯曲角度 $α$	±2°

5）钢型材立柱及横梁的加工应符合现行国家标准《钢结构工程施工质量验收规范》GB 50205—2001 的有关规定。

6）点支承玻璃幕墙的支承钢结构拼装单元的节点位置允许偏差为±2.0mm；构件长度、拼装单元长度的允许正、负偏差均可取长度的 1/2000。

7）连接焊缝应连续、均匀、饱满、平滑、无气泡和夹渣；钢管壁厚小于 6mm 时可不开坡口；角焊缝的焊脚高度不宜大于管壁厚度的 2 倍。

8）分单元组装的钢结构，宜进行预拼装。

9）杆索体系的拉杆、拉索应进行拉断试验；拉索下料前应进行调直预张拉，张拉力可取破断拉力的 50%，持续时间可取 2h。

10）钢构件焊接、螺栓连接应符合现行国家标准《钢结构设计标准》GB 50017—2017 及《钢结构焊接规范》GB 50661—2011 的有关规定。

11）钢构件表面涂装应符合现行国家标准《钢结构工程施工质量验收规范》GB 50205—2001 的有关规定。

四、幕墙面板加工制作

幕墙面材的加工制作按照面板材料的划分可分为玻璃加工制作、金属板材加工制作、石材面板加工制作及人造板材的加工制作等。

（一）玻　　璃

1. 加工制作工艺

（1）玻璃是幕墙工程的重要部件，玻璃的加工和深加工应由玻璃生产厂家根据幕墙施工单位的工艺图完成。

（2）低辐射镀膜玻璃应根据其镀膜材料的粘结性能和其他技术要求，确定加工制作工艺；镀膜与硅酮结构密封胶不相容时，应除去镀膜层。

2. 质量标准

（1）单片钢化玻璃，其尺寸的允许偏差应符合表 4-1 的规定。

钢化玻璃尺寸允许偏差（mm）　　　表 4-1

项目	玻璃厚度	玻璃边长 $L \leqslant 2000$	玻璃边长 $L > 2000$
边长	6，8，10，12	± 1.5	± 2.0
边长	15，19	± 2.0	± 3.0
对角线差	6，8，10，12	$\leqslant 2.0$	$\leqslant 3.0$
	15，19	$\leqslant 3.0$	$\leqslant 3.5$

（2）中空玻璃，其尺寸的允许偏差应符合表 4-2 的规定。

中空玻璃尺寸允许偏差（mm）　　表 4-2

项目		允许偏差
边长	L＜1000	±2.0
	1000≤L＜2000	±2.0，−3.0
	L≥2000	±3.0
对角线差	L≤2000	≤2.5
	L＞2000	≤3.5
厚度	t＜17	±1.0
	17≤t＜22	±1.5
	t≥22	±2.0
叠差	L＜1000	±2.0
	1000≤L＜2000	±3.0
	2000≤L＜4000	±4.0
	L≥4000	±6.0

（3）夹层玻璃，其尺寸允许偏差应符合表 4-3 的规定。

夹层玻璃尺寸允许偏差（mm）　　表 4-3

项目		允许偏差
边长	L≤2000	±2.0
	L＞2000	+2.5
对角线差	L≤2000	≤2.5
	L＞2000	≤3.5
叠差	L＜1000	±2.0
	1000≤L＜2000	±3.0
	2000≤L＜4000	±4.0
	L≥4000	±6.0

（4）玻璃弯加工后，其每米弦长内拱高的允许偏差为
±3.0mm，且玻璃的曲边应顺滑一致；玻璃直边的弯曲度，拱
形时不应超过 0.5％，波形时不应超过 0.3％。

（5）全玻幕墙的玻璃加工应符合下列要求：

1）玻璃边缘应倒棱并细磨，外露玻璃的边缘应精磨。

2）采用钻孔安装时，孔边缘应进行倒角处理，并不应出现崩边。

（6）中空玻璃开孔后，开孔处应采取多道密封措施。

（7）点支承玻璃加工应符合下列要求：

1）玻璃面板及其孔洞边缘均应倒棱和磨边，倒棱宽度不宜小于1mm，磨边宜细磨。

2）玻璃切角、钻孔、磨边应在钢化前进行。

3）玻璃加工的允许偏差应符合表4-4的规定。

点支承玻璃加工允许偏差 表 4-4

项目	边长尺寸	对角线差	钻孔位置	孔距	孔轴与玻璃平面垂直度
允许偏差	±1.0mm	≤2.0mm	±8.0mm	±1.0mm	±12′

（8）夹层玻璃的钻孔可采用大、小孔相对的方式。

（9）中空玻璃合片加工时，应考虑制作处和安装处不同气压的影响，采取防止玻璃大面积变形的措施。

（10）幕墙采用夹层玻璃时，宜采用干法加工合成，其胶片宜采用聚乙烯醇缩丁醛（PVB）或聚乙烯甲基丙烯酸酯胶片（离子性胶片）；夹层玻璃合片时，应严格控制温度、湿度和环境洁净度。夹层玻璃边缘外露的PVB胶片应进行封边处理。

（二）金　属　板　材

金属板材按照面板材料构造可划分为金属板材和金属复合板材两类。金属板材包括铝板、彩色钢板、搪瓷钢板、不锈钢板、锌合金板、钛合金板、铜合金板等；金属复合板材包括铝塑复合板、铝蜂窝复合板、钛锌复合板、金属保温板、铝瓦楞复合板等。

1. 基本规定

（1）金属板的品种、规格及色泽应符合设计要求；金属板材表面涂层类型和厚度应符合《金属与石材幕墙工程技术规范》JGJ 133—2001 有关规定及设计要求。

（2）铝塑复合板可以进行切割、剪切和冲切。

（3）单层铝板、铝蜂窝复合板、铝塑复合板和不锈钢板在制作构件时，应四周折边或加金属边框等加强措施。铝塑复合板和铝蜂窝复合板折边时应采用机械刻槽，并应严格控制槽的深度，槽底不得触及面板。

（4）金属板应按需要设置边肋和中肋等加劲肋，铝塑复合板折边处应设边肋。加劲肋可采用金属方管、槽形或角形型材。加劲肋应与金属板可靠连接，并应有防腐措施。

（5）孔边距垂直内力方向不应小于 $5d$，顺内力方向不应小于 $2d$（d 为孔的直径）。

（6）铝塑复合板在加工中不应出现板材整体变形，只允许在加工受力方向的第一层表面铝板部位出现少许弯曲变形。

2. 加工设备与机具

洁净的加工车间、龙门剪板机、数控切割机、开槽机、折弯机、电栓焊机、其他机具。

3. 铝单板加工制作工艺

（1）铝单板是幕墙工程的重要部件，应由专业化公司加工制作。

（2）单层铝板加工应符合下列规定：

1）单层铝板折弯加工时，折弯外圆弧半径不应小于板厚的1.5 倍；采用开槽折弯时，应控制刻槽深度，保留的铝材厚度不应小于 1.0mm，并在开槽部位采取加强措施。

2）单层铝板加强肋的固定可采用电栓钉，但应确保铝板外表面不变形、不褪色，固定应牢固。

3）单层铝板的固定耳板应符合设计要求。固定耳板可采用焊接、铆接或在铝板边上直接冲压而成。耳板应位置准确、调整方便、固定牢固。

4）单层铝板构件四周可采用铆接、螺栓、粘胶和机械连接相结合的形式固定，并应固定牢固。

5）单层铝板折边的角部宜相互连接；作为面板支承的加强肋，其端部与面板折边相交处应连接牢固。

4. 铝塑复合板加工制作工艺

（1）工艺流程

编制铝塑复合板加工工艺卡—首件试制—批量下料—开槽—四周翻边—安装配件—验收—运送工地。

（2）加工制作工艺

1）严格按照施工设计图纸编制铝塑复合板加工工艺卡。

2）铝塑复合板下料前应进行优化计算，提高铝塑复合板的成材率。

3）按铝塑复合板的设计长度加翻边余量调整龙门剪板机的定位杆，进行试剪，检测长度是否符合设计尺寸，合格后方可批量下料。

4）铝塑复合板长度方向下料后，用靠模定位，保持 90°，在龙门剪板机上按宽度加翻边余量调整定位杆，进行试剪，检测宽度是否符合设计尺寸，合格后方可批量加工。

5）将铝塑复合板平放在洁净的工作平台上，定位夹紧，用开槽机在铝塑复合板内层铝板上开槽口，槽口深度应保留不小于 0.3mm 厚的聚乙烯塑料，并不得划伤外层铝板的内表面。

6）折弯翻边。采用靠模进行折弯翻边，检测边长和对角线是否符合设计尺寸，合格后方可批量加工。

7）折边宜采用先开槽后折弯的方法，不宜采用压型工艺。

8）普通铝塑复合板的滚弯半径宜大于板总厚度的 10 倍；防火性铝塑复合板的滚弯半径宜大于板总厚度的 15 倍。

9）铝塑复合板可采用弯圆工艺进行弯圆加工。弯圆后端部直边长度至少为板厚的 5 倍。

10）铝塑复合板也可采用弯折设备加工。可以在折边后再使用滚弯机进行滚弯加工，但此加工工艺只适合经特殊处理的铝材。应注意折边高度与弯圆半径之间的对应关系。

11）铝塑复合板可以在普通金属加工设备上用普通麻花钻头进行钻孔加工；三面倾斜芯钻头和平底扩孔钻可用来在铝塑复合板上进行沉孔加工。

12）可采用普通的板冲切机进行冲孔加工，冲孔直径宜大于4mm。最小孔边距垂直内力方向不应小于 $1.5d$，顺内力方向不应小于 $2d$（d 为孔的直径）。

13）安装角铝和加肋。将铝塑复合板的四角用角铝加固，并按设计要求加肋。

5. 铝蜂窝复合板加工制作工艺

（1）应根据组装要求决定切口的尺寸和形状，采用机械刻槽。当采用面板不刻槽弯折方式时，槽底不得触及外层铝板的内表面；当采用面板刻槽弯折方式时，不得划伤外层铝板的内表面。

（2）折角部位应加强，角缝应采用中性密封胶密封。

6. 不锈钢板加工制作工艺

（1）折弯加工时，折弯外圆弧半径不应小于板厚的 2 倍；采用开槽折弯时，应严格控制刻槽深度并在开槽部位采取加强措施。

（2）加劲肋的固定可采用电栓钉，但应采取措施使不锈钢板外表面不变形、不变色，并且可靠固定。

（3）不锈钢板加劲肋端部与面板折边相交处应连接牢固。

7. 质量标准

（1）金属板材加工允许偏差应符合表 4-5 的规定。

金属板材加工允许偏差（mm）　　　　表 4-5

项目		允许偏差
边长	≤2000	±2.0
	>2000	±2.5

项目		允许偏差
对边尺寸	≤2000	≤2.5
	>2000	≤3.0
对角线长度	≤2000	2.5
	>2000	3.0
折弯高度		≤1.0
平面度		≤2/1000
孔的中心距		±1.5

（2）单层铝板的固定角铝和加肋尺寸应符合设计要求；表面应无色差和划伤。

（3）铝塑复合板打孔、切口等外露的聚乙烯塑料及角缝，应采用中性硅酮密封胶密封。

（4）在加工过程中应保持加工环境清洁、干燥，不得与水接触；加工后的铝复合板，不得堆放在潮湿环境中。

（5）铝蜂窝复合板应根据组装要求决定切口的尺寸和形状，在切除铝芯时不得划伤铝蜂窝复合板外层铝板的内表面；各部位外层铝板上，应保留 0.3～0.5mm 的铝芯；大圆弧角构件的加工，圆弧部位应填充防火材料；边缘加工时，应将外层铝板折弯180°，并将铝芯包封。

（6）应采用机械刻槽。在切割铝复合板内层铝板和芯材时，不得划伤外层铝板的内表面；当铝复合板阴角转折时，刻槽宜在内侧。

（三）石 材 面 板

1. 基本规定

（1）石材按照材质划分包括花岗石、大理石、石灰石、砂岩等。

（2）石材面板是幕墙工程的重要部件，应由专业化公司加工制作。

（3）石材幕墙单块石材面板的面积不宜大于 $1.5m^2$。

（4）幕墙石材荒料的选用应符合下列规定：

1）石材幕墙不宜采用黑火药爆破法或火焰切割法生产的荒料加工成的石材面板。

2）用于石材幕墙的石材宜选择一等品荒料进行加工。

3）石材荒料应满足《天然花岗石建筑板材》GB/T 18601—2009、《天然大理石荒料》JC/T 202—2011 等相关规范的要求。

4）同一工程采用的天然石材应尽量选用同一个矿源的同一层面的岩石进行加工。

5）当同一工程的石材用量较大、规格较复杂时，荒料的选择应有备料。

（5）天然石材的加工应符合下列要求：

1）尺寸偏差应符合《天然花岗石建筑板材》GB/T 18601—2009、《天然大理石建筑板材》GB/T 19766—2016 和《天然板石》GB/T 18600—2009、《异型装饰石材》JC/T 847—1999、《超薄石材复合板》GB/T 29059—2012、《石材复合板工艺技术规范》JC/T 2385—2016、《干挂饰面石材及其金属挂件》JC 830.1—2005 等规范中有关一等品或优等品的要求。

2）各种板材的加工均应在工厂完成。

3）幕墙用石材宜采用先磨后切工艺进行加工。

4）毛板的锯割应平行于荒料的大面进行。

5）镜面石材的光泽度应符合《天然花岗石建筑板材》GB/T 18601—2009、《天然大理石建筑板材》GB/T 19766—2016 的规定。同一工程中镜面石材光泽度的差异应符合设计要求。

6）火烧板应按样板检查火烧后的均匀程度，火烧石不得有暗纹、崩裂情况。

（6）石材的边部加工应符合下列规定：

1）石材连接部位应无缺棱、缺角、裂纹等缺陷；其他部位缺棱不大于 5mm×20mm 或缺角不大于 20mm 时可修补后使用，但每层修补的石材块数不应大于 2%，且宜用于视觉不明显部位。受力部位的缺损不得有修补。

2）石材正面宜采用倒角处理。

3）石材的端面可视时，应进行定厚处理。

4）开放式石材幕墙的石材面板宜采用磨边及定厚处理。

（7）石材的开槽打孔应符合下列规定：

1）石材开槽、打孔后，应进行孔壁、槽口的清洁处理，清洁时不得采用有机溶剂型清洁剂。

2）石板应以正面和上端面作为开槽、开孔的基准面。

3）石材开槽、打孔后不得有损坏或崩裂现象。

4）尺寸偏差应符合《干挂饰面石材及其金属挂件》JC 830.2—2005 规范中有关规定。

2. 短槽连接石材面板加工制作要求

（1）短槽连接的石材面板，在有效长度内，槽口深度不宜小于 16mm；槽宽不宜大于 12mm，也不宜小于 6mm。

（2）每块石材面板上、下边宜各开两个短槽，短槽的有效长度不应小于 100mm，也不宜大于 140mm。

（3）短槽端部与石材面板边缘的距离不应小于石材面板厚度的 3 倍，且不应小于 85mm，也不宜大于 180mm。

（4）石材面板开槽后不得有损坏或崩裂现象，槽口应打磨成 45°倒角，槽内应光滑、洁净。

（5）沿长度方向的槽口中位线与石材面板厚度中位线的偏差不宜大于 1mm。

（6）连接挂件的长度不宜小于 40mm。挂件入槽深度不宜小于 10mm，且不宜大于 20mm；短槽的槽口长度不宜大于连接件长度 10mm。

（7）应采用机械开槽，开槽锯片的直径不宜大于 350mm，宜采用水平推进方式开槽。除个别增补槽口外，不应在现场采用手持锯片开槽。

3. 通槽连接石材面板加工制作要求

（1）板边开通槽而采用短挂件连接时，面板及挂件应符合短槽连接石材面板的要求，通槽尺寸按通槽连接的要求。

（2）通槽连接时，石材面板的槽口深度可为 20～25mm，槽口宽度可为 6～12mm。

（3）石材面板的通槽宽度宜为 8mm，槽口深度不宜小于20mm，也不宜大于 25mm。

（4）石材面板开槽后不得有损坏或崩裂现象，槽口应打磨成45°倒角，槽内应光滑、洁净。

（5）开槽后两侧石材面板厚度与设计值偏差不应大于±1mm。

（6）挂件入槽深度不宜小于 15mm。承托石材面板处宜设置垫块，垫块厚度不宜小于 3mm。

（7）不锈钢挂板的厚度不宜小于 3.0mm，铝合金挂板的厚度不宜小于 4.0mm。

（8）石板槽口其他项目加工的允许偏差应符合表 4-6 的要求。

石板开槽加工允许偏差（mm） 表 4-6

序号	槽口类型 项目	弧形短槽	通槽
1	槽口深度	±1.5	±1.5
2	槽口有效长度	±2.0	—
3	槽口宽度	±0.5	±0.5
4	相邻槽口中心距	±2.0	—

4. 背栓连接式石板加工制作要求

（1）石材幕墙采用开放式及密封胶嵌缝时宜采用06Cr17Ni12Mo2（316）材质的背栓，密封胶嵌缝时宜采用06Cr19Ni10（304）材质的背栓。

（2）背栓的螺纹应符合 GB/T 192—2003、GB/T 193—

2003、GB/T 196—2003、GB/T 197—2003 标准的要求。

（3）背栓使用的不锈钢螺母应符合 GB/T 3098.15—2014 标准的要求。

（4）背栓直径允许偏差±0.4mm，长度允许偏差±1.0mm，直线度公差为 1mm。

（5）背栓的螺杆直径不宜小于 6.0mm。锚固深度不宜小于石材厚度的 1/2，也不宜大于石材厚度的 2/3。

（6）直接连接的平齐式背栓，钻孔深度应控制在可见表面至孔底的距离；通过连接件连接的间距式背栓，钻孔深度应控制在可见表面至孔底的距离，以及可见表面至连接件底面的距离。

（7）可采用压入或旋转方式植入锚栓，植入后应确认其连接牢固，工作可靠。

（8）背栓孔宜采用专用钻孔机械成孔及专用测孔器检查，背栓孔允许偏差应符合表 4-7 的要求。

背栓孔加工允许偏差（mm）　　　　　表 4-7

项目	直孔		扩孔		孔位	孔距
	直径	孔深	直径	孔深		
允许偏差	±0.2	±0.3	±0.3	±0.3	±0.5	±1.0

（9）幕墙石材用背栓可采用压入扩张或旋转扩张的背栓，但应控制背栓的扩张程度，防止扩张不足或扩张过度。

（10）背栓与背栓孔间宜采用尼龙等间隔材料，防止硬性接触。

（11）背栓的边距宜符合下列要求（图 4-1），背栓之间的距离不宜大于 1200mm。

5. 背槽连接石板加工制作要求

（1）石材幕墙采用开放式及密封胶嵌缝时宜采用 06Cr17Ni12Mo2（316）材质的背槽连接件，密封胶嵌缝时宜采用 06Cr19Ni10（304）材质的背槽连接件。铝合金不受限制。

（2）背槽连接件采用铝合金时，厚度不宜小于 3mm，采用

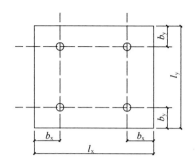

图 4-1 背栓边距

注：$l_x/5 \leqslant b_x$ 且 $b_x \leqslant l_x/4$；$l_y/5 \leqslant b_y$ 且 $b_y \leqslant l_y/4$。

不锈钢时，厚度不宜小于 2mm（图 4-2）。

（3）石板背槽应采用专用机械开槽，不应在工地采用手持锯片开槽。加工允许偏差应符合表 4-8 的要求。

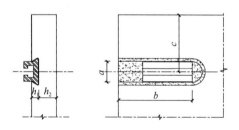

图 4-2 背槽连接件

背槽加工允许偏差（mm） 表 4-8

序号	项目	亚光面和镜面板材	粗面板材
1	槽口宽度 a	±0.3	±0.3
2	槽口长度 b	−0～+10	−0～+10
3	槽口中心距 c	−0～+2	−0～+2
4	槽口深度 h_1	±1.0	±2.0
5	槽口石材剩余厚度 h_2	±0.3	±0.3

（4）背槽长度不宜小于 50mm，埋入石材的深度 h_1 不宜小

于石材标准厚度的 1/3，也不宜大于石材厚度的 1/2。

（5）背槽式锚固件应采用机械连接或机械连接与环氧胶粘结相结合的方式进行锚固。

（6）背槽的边距宜符合下列要求（图 4-3），间距不宜大于 1200mm。

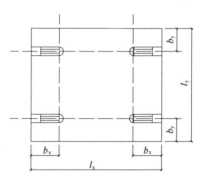

图 4-3　背槽边距

注：$l_x/5 \leqslant b_x$ 且 $b_x \leqslant l_x/4$；$l_y/5 \leqslant b_y$ 且 $b_y \leqslant l_y/4$。

6. 背卡连接石板加工制作要求

（1）石材幕墙采用开放式及密封胶嵌缝时宜采用 06Cr17Ni12Mo2（316）材质的背卡，密封胶嵌缝时宜采用 06Cr19Ni10（304）材质的背卡。

（2）背卡采用不锈钢时厚度不宜小于 0.5mm（图 4-4），其尺寸偏差应符合表 4-9 的要求。

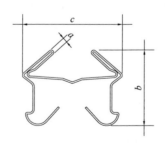

图 4-4　背卡

项目	背卡支撑 a	背卡高度 b	背卡宽度 c
允许偏差	±0.1	±1	±1

（3）背卡式石材的槽深 b 宜取石材厚度的 $1/3\sim1/2$，最厚不宜超过石材厚度的 $2/3$。

（4）斜槽槽底石材保留宽度 e（图 4-5），不宜小于石材厚度的 $1/2$，且不宜大于石材厚度的 $2/3$。

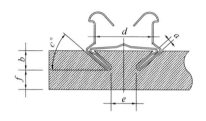

图 4-5　石材保留宽度

（5）石板背卡斜槽应采用专用机械开槽，不应在工地采用手持锯片开槽。加工允许偏差应符合表 4-10 的要求。

背卡斜槽加工允许偏差（mm）　　　　　表 4-10

项目	槽宽度 a	槽深度 b	槽口角度 c	斜槽石材表面保留宽度 d	斜槽槽底石材保留宽度 e	石材剩余厚度 f
允许偏差	±0.5	−0~+2	−0°~+5°	±2	±2	±0.5

（6）背卡应采用机械连接和环氧胶粘结相结合的方式进行固定。

（7）背卡的长度不宜小于 35mm。

（8）背卡安装时，板块边距宜按符合下列要求（图 4-6），背卡的间距不宜大于 1200mm。

7. 四边铰接式石材面板加工制作要求

（1）四边铰接的石材面板加工时，铝框粘结面的尘埃、油渍和其他污物，应分别用带溶剂的擦布和干擦布清除干净；石板应

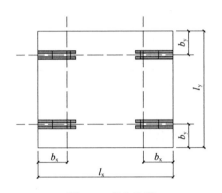

图 4-6　背卡边距

注：$l_x/5 \leqslant b_x$ 且 $b_x \leqslant l_x/4$；$l_y/5 \leqslant b_y$ 且 $b_y \leqslant l_y/4$。

用清水和干擦布清洁；每清洁一个构件或一块面板，应更换清洁的干擦布；并在清洁后 1h 内进行注胶；注胶前再度污染时，应重新清洁。

（2）采用硅酮结构密封胶粘结板块时，不应使结构胶长期处于单独受力状态。硅酮结构密封胶组件在固化并达到足够承载力前不应搬动。

（3）石材面板结构性粘结装配组件注胶时必须饱满，不得出现气泡，胶缝表面应平整光滑；胶缝刮下的余胶不得重复使用。

（4）硅酮结构密封胶完全固化后，石材面板装配组件的尺寸偏差应符合表 4-11 的规定。

结构胶完全固化后石材面板装配组件的尺寸允许偏差（mm）　表 4-11

序号	项目	尺寸范围	允许偏差
1	框长宽尺寸	—	±1.0
2	组件长宽尺寸	—	±2.5
3	框接缝高度差	—	±0.5
4	框内侧对角线差及组件对角线长度差	当长边≤2000 时	2.5
		当长边>2000 时	3.5
5	框组装间隙	—	±0.5

序号	项目	尺寸范围	允许偏差
6	胶缝宽度	—	+2.0，0
7	胶缝厚度	—	+0.5，0
8	组件周边面板与铝框位置差	—	±1.0
9	结构组件平面度	—	3.0
10	组件厚度	—	±1.5

8. 石材组拼加工

（1）石材转角组拼应采用钢销加环氧胶粘剂相结合的连接方式，严禁无销粘结。

（2）较大尺寸的转角组拼除采用上述方法进行连接以外，还应在组拼的石材背面阴角或阳角处加设不锈钢或铝合金型材支承件组装固定，并应符合下列规定：

1）不锈钢、铝合金型材支承件的截面尺寸应符合设计要求。

2）不锈钢支撑件的截面厚度不应小于 2mm；铝合金型材截面厚度不应小于 3mm。

3）支撑组件的间距不宜大于 500mm，支撑组件的数量不宜少于 3 个。

9. 石材的防护

（1）防护剂的质量应符合现行行业标准《建筑装饰用天然石材防护剂》JC/T 973—2005 的规定。

（2）防护剂应有合格证及有效期内的防水性、耐碱性、透气性、渗透性及耐候性检测报告、使用说明书以及与密封胶、锚固胶的相容性检验报告。

（3）石材防护剂的选用应根据石材的种类、污染源的类型合理地进行选用，并符合设计要求。

（4）石材防护施工处理应在工厂进行。

（5）在涂刷水性防护剂时，严禁使用动物毛刷。

（6）选用溶剂型防护剂时，不可使用塑料喷壶。

（7）防护剂涂装前，石材面板应在所有加工完成后，经过充分自然干燥；应采取措施确保石板被防护的表面清洁、无污染。

（8）防护工作应在洁净环境中进行，温度、湿度条件应符合防护剂的技术要求。

（9）防护处理后的石板，在防护作用生效前不得淋水或遇水。

（10）石材荒料、毛板、工程板出厂前应进行编号；工程板加工前应按照石材编号顺序进行预拼，对纹、选色、排开色差后进行编号。石材的编号应与设计一致，不得因加工造成混乱。

（11）石材的尺寸、形状、花纹图案、色泽等均应符合设计要求，花纹图案和色泽应按样板检查，单板及排版后的石材感观效果不宜有明显的色差。

10. 石材修补

（1）修补后的石材不能降低整体石材的力学性能。且主受力部位不得使用修补后的石材。

（2）花线及实心柱体应传力明确，连接牢固。

（3）断裂的石材不宜使用，在非受力部位使用时，应打孔、加设钢销后再拼缝粘结修复。

（4）修补后的石材，正面不得有明显的痕迹，色泽应与正面石材相近似。

（5）对天然大理石进行粘结修补时，宜采用原石粉进行调配，不允许使用纯胶进行修补。

（6）石材修补时调胶比例一定要正确，并避免水源和灰尘污染。

（7）石材的局部粘补和修补工作应回工厂完成。

（8）加工好的石材面板应立放于通风良好的仓库内，其与水平面夹角不应小于 85°。

11. 石材面板加工的质量标准

（1）石板连接部位应无崩坏、暗裂等缺陷；其他部位崩边不大于5mm×20mm或缺角不大于20mm时可修补后使用，但每层修补的石材面板块数不应大于2%，且宜用于立面不明显部位。

（2）石材面板的长度、宽度、厚度、直角、异型角、半圆弧形状、异型及花纹图案造型、外形尺寸均应符合设计要求。

（3）石材面板外表面的色泽应符合设计要求，花纹图案应按样板检查。面板表面不得有明显的色差。

（4）烧毛板应按样板检查烧毛后的均匀程度，烧毛板不得有暗裂、崩裂情况。

（5）石材面板的编号应同设计一致，不得因加工造成混乱。

（6）石材面板应结合其组合形式，并确定工程中使用的基本形式后再进行加工。

（7）面板加工允许偏差应符合现行行业标准《天然花岗石建筑板材》GB/T 18601—2009有关规定中的一等品要求。

（8）面板为通槽式安装时，通槽的宽度宜为6mm或7mm，不锈钢支承板厚度不宜小于3mm。面板开槽后不得有损坏或崩裂现象，槽口应打磨成45°倒角；槽内应光滑、洁净。

（9）面板为短槽式安装时，每块面板上下边应各开两个短平槽，短平槽长度、深度和宽度应符合相关规定；不锈钢支承板厚度不宜小于3mm。弧形槽的有效长度不应小于80mm。面板开槽后不得有损坏或崩裂现象，槽口应打磨成45°倒角，槽内应光滑、洁净。

（10）面板的转角宜采用不锈钢支承件或铝合金型材专用件组装。当采用不锈钢支承件组装时，不锈钢支承件的厚度不应小于3mm；当采用铝合金型材专用件组装时，铝合金型材壁厚不应小于4mm，连接部位的壁厚不应小于5mm，并应通过计算确定。

（11）不得随意切割短平槽段两板边。

（12）面板经切割或开槽等工序后，均应用水将石屑冲洗干净，面板与不锈钢挂件间应采用环氧树脂型石材专用结构胶粘结。

（13）已加工好的面板应立放于通风良好的仓库内，其角度不应大于 85°。

（14）面板安装槽、孔的加工尺寸及允许误差应符合表 4-12、表 4-13 的规定。

石材面板孔加工尺寸及允许误差（mm）　　表 4-12

石材面板固定形式		孔径		孔到板边距离	孔到板面距离		检验方法
		最小尺寸	允许误差		最小尺寸	误差	
背栓式	M6	直孔	+0.4，−0.2	孔中心线到板边最小距离 50	孔底到板面保留厚度（背栓、背卡）大于 8.0	−0.4，+0.2	卡尺，深度尺
		扩孔	+0.3，−0.3				
	M8	直孔	+0.4，−0.2				
		扩孔	+0.3，−0.3				

石材面板通槽（短平槽）、短槽开槽允许偏差（mm）　　表 4-13

项目	通槽		短槽		检验方法
	最小尺寸	允许偏差	最小尺寸	允许偏差	
槽宽度	6.0	±0.5	6.0	±0.5	卡尺
短槽有效长度	—	—	100	±2	卡尺
槽深角度偏差	—	—		槽深/20	角度尺
两短槽中心线距离		槽深/20	—	±2	卡尺
短槽外边到板端边距离 s	—	—	85≤s≤180	±2	卡尺
短槽内边到板端边距离	—	—		±3	卡尺
槽任一端侧边到板外表距离	8.0	±0.5	8.0	±0.5	卡尺
槽任一端侧边到板内表面距离（含板厚偏差）	—	±1.5		±1.5	卡尺
槽深度（有效长度处）	16	±1.5	16	±1.5	深度尺

（四）人造板材加工制作

人造板材即面板材料采用人造材料或天然材料与人造材料复合制成的人造外墙板。包括瓷板、陶板、微晶玻璃、石材铝蜂窝复合板、玻璃纤维增强水泥板（GRC板）等。

1. 瓷板加工

一般情况下，瓷板幕墙的立面分格尺寸应按照瓷板的产品规格与板缝宽度确定，瓷板加工的主要工作内容是二次切割、开槽或钻背栓孔。

（1）一般规定

1）瓷板加工前应进行以下检验并符合现行行业标准《建筑幕墙用瓷板》JG/T 217—2007的有关规定：

①瓷板的长度、宽度、厚度、边直度及形位公差。

②瓷板的表面质量、色泽和花纹图案。瓷板不得有明显的色差，花纹图案应符合供需双方确定的样板。

2）瓷板加工前的检验是保证瓷板幕墙工程质量符合要求的关键。尤其是瓷板的表面质量、色泽、花纹图案，宜全数进行检验。

3）瓷板切割、开孔、开槽过程中，应采用清水润滑和冷却。切割、开孔、开槽后，应立即用清水对孔壁和槽口进行清洁处理，并放置于通风处自然干燥。

4）加工好的瓷板应立放于通风良好的仓库内，其与水平面夹角不应小于85°，下边缘宜采用弹性材料衬垫，离地面高度宜大于50mm。

（2）瓷板槽口加工

1）槽口加工应采用专用机械设备，加工槽口用锯片应保持锋利。不宜在现场采用手持机械进行加工。

2）槽口的宽度、长度、位置应符合设计要求。

3）槽口的侧面应不得有损坏或崩裂现象，槽内应光滑、洁净，不得有目视可见的阶梯。

　　4）瓷板开槽加工尺寸允许偏差应符合表 4-14 的规定。

瓷板开槽尺寸允许偏差（mm） 表 4-14

项目	槽宽度	槽长度	槽深度	槽端到板端边距离	槽边到板面距离
允许偏差	+0.5，0	短槽：+10.0，0	+1.0，0	短槽：+10.0，0	+0.5，0

注：短槽连接瓷板允许加工成通槽。

　　5）瓷板的边上可开短槽，也可开通槽。一般情况下，槽口深度宜为 11.0～13.0mm，槽口宽度宜为 3.0～4.0mm。短挂件连接的瓷板，可以加工成短槽，也可加工成通槽。

　　（3）背栓孔的加工

　　1）背栓孔应采用与背栓配套的专用钻孔机械加工，并按背栓生产厂家的要求钻孔和扩孔。

　　2）影响背栓连接处的背纹应进行打磨，打磨处应平整。

　　3）背栓孔的数量、位置和深度应符合设计要求。钻孔和扩孔直径应符合背栓产品的技术要求。

　　4）可采用压入或旋转方式植入背栓，背栓紧固力矩应符合背栓厂家的规定。植入后应确认其连接牢固，工作可靠。对背栓进行紧固时，应采用扭力扳手控制紧固力矩。

　　5）背栓孔不得有损坏或崩裂现象，孔内应光滑、洁净。

　　6）背栓孔加工尺寸允许偏差应符合表 4-15 的要求。

　　7）背栓孔加工完成后应全数检验。

背栓孔加工尺寸允许偏差（mm） 表 4-15

项目	孔径	扩孔	孔深	孔中心距	孔中心到端边距离	孔底面至瓷板装饰面的厚度
允许偏差	+0.4，0	±0.3	+0.2，−0.1	±0.5	+5.0，−1.0	+0.1，−0.1

2. 微晶玻璃板加工

（1）一般规定

1）微晶玻璃板加工应在各工序相应的专用机械设备上进行，设备的加工精度应满足幕墙面板设计精度要求，并以装饰面（正面）作为加工基准面。

2）微晶玻璃板切割、开孔和开槽过程中应采用清水或其他对微晶玻璃板无污染的水性溶剂进行润滑和冷却。

（2）加工要求

1）微晶玻璃板应无开裂和裂纹。

2）连接部位应无爆边、裂纹等缺陷，槽（孔）内应光滑、洁净。

3）装饰面缺棱、缺角缺陷数量应符合现行行业标准《建筑装饰用微晶玻璃》JC/T 872—2000 的规定，且有缺陷的板块宜用于不影响幕墙立面观感的部位。

4）微晶玻璃板外表面的色泽和花纹图案应符合设计要求，不得有明显的色差。

5）微晶玻璃板的外形尺寸和几何形状应符合设计要求。

6）微晶玻璃板外形尺寸和平面度允许偏差应符合现行行业标准《建筑装饰用微晶玻璃》JC/T 872—2000 规定的要求。

（3）质量规定

1）槽口的宽度、长度、位置应符合设计要求。

2）微晶玻璃板开槽加工尺寸允许偏差应符合表 4-16 的规定。

微晶玻璃板开槽尺寸允许偏差（mm）　　　　表 4-16

项目	槽宽度	槽长度	槽深度	槽端到板端边距离	槽边到板面距离
允许偏差	+0.5, 0	短槽：+10.0, 0	+1.0, 0	短槽：+10.0, 0	+0.5, 0

（4）背栓连接加工要求

1）背栓孔的数量、位置和深度应符合设计要求。

2）钻孔和扩孔直径应符合背栓产品的技术要求。

3）直接连接的平齐式背栓，钻孔深度应控制在可见表面至孔底的距离；通过连接件连接的间距式背栓，钻孔深度应控制在可见表面至孔底的距离，以及可见表面至连接件底面的距离。

4）可采用压入或旋转方式植入背栓，背栓紧固力矩应符合背栓厂家的规定。植入后应确认其连接牢固、工作可靠。

5）背栓孔加工尺寸允许偏差应符合表 4-17 的要求。

背栓孔加工尺寸允许偏差（mm） 表 4-17

项目	孔径	扩孔	孔深	孔中心距	孔中心到端边距离	孔底面至微晶玻璃板装饰面的厚度
允许偏差	+0.4, 0	±0.3	+0.2, −0.1	±0.5	+5.0, −1.0	+0.1, −0.1

微晶玻璃板经切割、开槽、钻孔等工序后均应用清水将粉尘冲洗干净并采用压缩空气吹干或放置于通风处自然干燥。

加工好的微晶玻璃板应立放于通风良好的仓库内，与水平面夹角不应小于 85°，下边缘应采用弹性材料衬垫，离地面高度宜大于 50mm。

3. 陶板加工

（1）一般规定

按照现行行业标准《建筑幕墙用陶板》JG/T 324—2011 和下述规定对陶板进行以下检查：

1）陶板的品种、规格和尺寸允许偏差。

2）陶板的表面质量、色泽和花纹图案。陶板外表面的花纹图案应比照样板检查，板块四周不得有明显的色差。

对于挂钩处有明显缺陷的产品，不得使用。

陶板幕墙通常是根据陶板的尺寸进行幕墙立面尺寸的分格，在陶板进行加工和安装前，应对陶板的外形尺寸、表面质量等进行一系列的检查，以确保加工和安装的进行。特别是对与安全有关的项目要进行重点检查，如板面的裂纹、挂钩部位尺寸和表面缺陷应全数进行检验。

3）陶板的转角可用陶板本身或采用不锈钢支撑件、铝合金型材专用件组装。如采用不锈钢支撑件或铝合金型材专用件组装，则应符合下列规定：

① 当采用不锈钢支撑件组装时，不锈钢支撑件厚度不宜小于 3mm。

② 当采用铝合金型材专用件组装时，铝合金型材壁厚不应小于 4mm，连接部位的壁厚不应小于 5mm，并应通过结构计算确定。

4）已加工好的陶板应立放于通风良好的仓库内，其与水平面夹角不应小于 85°。

（2）加工要求

1）陶板加工需要进行润滑、冷却和清洁时，应采用清水，不得采用有机溶剂型清洁剂。

2）加工应根据不同的板块形状和设计要求进行。

3）陶板的加工允许尺寸偏差应符合表 4-18 的要求。

陶板加工允许偏差（mm）　　　　表 4-18

项　　目		允许偏差
边长	长度	±1.0
	宽度	±2.0
厚度		±2.0
对角线长度		≤2.0
表面平整度		≤2.0

陶板的加工一般以切割为主。由于陶板具有多种板块形状，如实心板、空心板，通槽板、挂钩板等，因而其加工要求会因板而异。特别是收口部位，如转角、上下封口、悬挑处等的加工应按设计要求进行。

4. 石材铝蜂窝复合板加工

(1) 一般规定

1) 石材铝蜂窝复合板的加工应在专业的生产单位进行，产品应按照《建筑装饰用石材蜂窝复合板》JGJ/T 328—2011 和相关工程设计的要求进行出厂检验，合格后方可使用。

石材铝蜂窝复合板生产工艺较为复杂，幕墙用板块的加工是根据设计要求在专业生产单位逐块预制，一般施工企业不具备加工和生产的能力。通常情况下，石材铝蜂窝复合板采用胶粘剂进行板块间的粘结或预置螺母的灌注固定时，应在工作温度为 15～30℃、相对湿度 50% 以上，且洁净、通风的室内进行。各板块的被粘结面在涂刷粘胶剂前需经打磨处理，表面应保证干燥，无油脂，无灰尘或其他污物。

预置螺母是板与幕墙支承构件间的重要连接件，其安装质量的好坏直接影响到幕墙的安全性能。预置螺母通常采用材质为 Q235 的冷镦工艺成型的异形螺母，形状如图 4-7 所示。其表面镀锌纯化处理应满足《紧固件　电镀层》GB 5267.1—2002 的规定，机械性能等级应达到《紧固件机械性能　螺母》GB 3098.2—2015 中规定的 5 级，加工尺寸偏差应符合《内螺纹圆柱销　不淬硬钢和奥氏体不锈钢》GB/T 120.1—2000 中的规定。

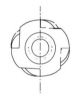

图 4-7　预置螺母示意

2) 石材铝蜂窝复合板预埋螺母用孔的加工深度不应小于铝蜂窝芯的厚度，且不应损伤与石材相粘结的板面。孔内残屑应清理干净，孔底部需保证平整并无毛刺。注胶时，注胶完成面应与背板表面持平或略呈凹弧状，预埋螺栓的表面不得低于注胶完成面和背板的表面。

3）石材铝蜂窝复合板出厂前应按照产品标准的各项要求进行严格的出厂检验，合格后方可使用。

（2）板块拼接要求

1）板块可按照设计要求进行不同角度的拼接。应保证相互拼接在一起的板块的石材面板色泽、纹路的一致性。

2）拼接前，可对板块进行倒角切割加工。加工时，应注意不损伤表面石材，避免出现崩边、缺棱的缺陷。

3）拼接部位应平整，无明显缝隙和缺角。

（3）加工要求

1）需对板块进行局部切割时，可采用手动切割设备附之清水或其他对石材铝蜂窝复合板无污染的水性冷却液进行切割。切口应按设计要求进行清洁或封边处理。

2）石材铝蜂窝复合板加工允许偏差应符合表 4-19 的规定。

石材铝蜂窝复合板加工允许偏差（mm） 表 4-19

项　目		技术要求	
		亚光面、镜面板	粗面板
边长		0.0，−1.0	
对边长度差	≤1000	≤2.0	
	>1000	≤3.0	
厚度		±1.0	+2.0，−1.0
对角线差		≤2.0	
边直度	每米长度	≤1.0	
平整度	每米长度	≤1.0	≤2.0

3）未做规定的其他外形尺寸或特定形状板材的允许偏差可根据工程设计的要求确定。

4）加工完毕的石材铝蜂窝复合板应立放于干燥、通风良好的仓库内，其竖立角度不应小于85°。

5. 木纤维板加工

加工要求如下：

（1）板材切割加工前应将刀具高度调节至合适位置，切割时板材应匀速推进。

（2）镂铣企口或槽口时应注意调节刀具高度以满足设计要求。

（3）背面连接板材钻孔前应根据锚固件规格及设计要求确定钻孔深度，钻孔深度宜比板厚小 $2\sim3$ mm。

（4）现场加工的板材应采取可靠措施将板材固定牢靠后，方可加工。

（5）加工工作台应选用木质台面，加工时应及时清理加工台面上的金属颗粒及板材颗粒。

（6）宽度小于 200mm 的板材折边部分应在安装前采取可靠方式与主面板固定牢靠。

（7）木纤维板加工允许偏差应符合表 4-20 的规定。

高压热固化木纤维板加工允许偏差 表 4-20

项目		允许偏差
边长（mm）		+2，0
对角线（mm）		≤名义对角线长度值的 1%
边缘直度（mm/m）		≤1.0
翘曲度（%）	5.0mm≤t<12.0mm	≤0.4
	12.0mm≤t<16.0mm	≤0.2
转角板角度		+1°30′，−30′
转角板翘曲度（mm）		≤3.0
转角边直边翘曲度（%）		≤0.5
镂铣深度误差（mm）		−0.2，0
装饰面划痕、压痕		不允许
装饰面边角缺陷		不允许
钻孔位置（mm）		≤0.5
孔距（mm）		≤1.0
孔轴与板面的垂直度		≤12′

6. 纤维水泥板加工

（1）一般规定

1）纤维水泥板的品种、长度、宽度、厚度、角度、色泽、防水及涂层处理等应符合行业标准《纤维水泥平板　第1部分：无石棉纤维水泥平板》JC/T 412.1—2006 和设计要求。

2）纤维水泥板需存放在干燥的地方。

3）纤维水泥板加工应符合下列规定：

①纤维水泥板的切割、开槽和钻孔应在干燥的环境进行。

②进行机械加工时，宜使用专用机械设备，以保证加工质量。

③纤维水泥板切割时有粉尘产生，应做好必要的防护措施，并进行必要的除尘工作。

④切割、开槽加工的板材边缘需经过边缘浸透密封处理。

4）纤维水泥板加工允许偏差应符合表 4-21 的规定。

纤维水泥板加工允许偏差　　　　表 4-21

项　目		允许偏差
边长 a （mm）	$a \leqslant 1000$	± 1.5
	$a > 1000$	± 2.0
厚度 t （mm）	$6 < t \leqslant 20$	$\pm 0.1t$
	$t > 20$	± 2.0
边直度（mm/m）		$\leqslant 1$
翘曲度（mm/m）		$\leqslant 2$
对角线差（mm）		$\leqslant 2$
孔的中心距（mm）		± 1.5

5）纤维水泥板的切割、开槽、钻孔等加工，应在干燥的环境下进行。切割、开槽、钻孔后，应立即用干燥的压缩空气枪对孔壁和槽口进行清洁处理，并进行防护处理。

（2）加工要求

1）槽口加工应采用专用机械设备，加工槽口用锯片应保持锋利。不宜在现场采用手持机械进行加工。

2）槽口的宽度、长度、位置应符合设计要求。

3）槽口的侧面不得有损坏或崩裂现象，槽内应光滑、洁净，不得有目视可见的阶梯。

4）纤维水泥板开槽加工尺寸允许偏差应符合表 4-22 的规定。

纤维水泥板开槽尺寸允许偏差（mm）　　　表 4-22

项目	槽宽度	槽长度	槽深度	槽端到板端边距离	槽边到板面距离
允许偏差	+0.5，0	短槽：+10.0，0	+1.0，0	短槽：+10.0，0	+0.5，0

注：短挂件连接纤维水泥板可加工成通槽。

5）纤维水泥板槽口的加工质量关系到挂件连接纤维水泥板的抗拉承载力。纤维水泥板的截面厚度相对较薄，如果槽口的宽度、长度、位置加工偏差太大，纤维水泥板承载力就会严重偏离设计计算的结果；挂槽侧面太粗糙或存在缺陷，也会降低纤维水泥板的承载力。因此，应采用专用机械设备进行加工并保持锯片锋利。

6）槽口的宽度应综合考虑承载力大小、挂件厚度、安装调整等有关因素确定。纤维水泥板的边上可开短槽，也可开通槽。一般情况下，槽口深度宜为 10.0～15.0mm，槽口宽度宜为 3.5～4.0mm。

7）短挂件连接的纤维水泥板，可以加工成短槽，也可加工成通槽。

（3）背栓孔加工要求

1）背栓孔应采用与背栓配套的专用钻孔机械加工。背栓孔的加工精度要求非常高，不同厂家的背栓，对背栓孔又有不同的要求。因此，应采用与背栓配套的专用钻孔机械加工，并按背栓生产厂家的要求钻孔和扩孔。

2）影响背栓连接处的背纹应进行打磨，打磨处应平整。

3）背栓孔的数量、位置和深度应符合设计要求。钻孔和扩孔直径应符合背栓产品的技术要求。直接与纤维水泥板背面连接的平齐式背栓，钻孔深度应控制在幕墙装饰面至孔底的距离。通过连接件连接的间距式背栓，钻孔深度应控制在幕墙装饰面至孔底的距离，以及可见表面至连接件底面的距离。

4）可采用压入或旋转方式植入背栓，背栓紧固力矩应符合背栓厂家的规定。植入后应确认其连接牢固，工作可靠。

5）背栓孔不得有损坏或崩裂现象，孔内应光滑、洁净。

6）背栓孔加工尺寸允许偏差应符合表 4-23 的要求。

背栓孔加工尺寸允许偏差（mm） 表 4-23

项目	孔径	扩孔	孔深	孔中心距	孔中心到端边距离	孔底面至纤维水泥板装饰面的厚度
允许偏差	+0.4，0	±0.3	+0.2，−0.1	±0.5	+5.0，−1.0	+0.1，−0.1

（4）表面防护处理要求

1）纤维水泥板经加工切割后，加工表面不得直接暴露在空气中，应采用密封胶密封。

2）纤维水泥板的加工切割、开槽表面应经过边缘浸透密封处理。

（5）碳钢构件表面防护处理要求

1）构件经加工切削后的外露表面，宜进行防锈处理。

2）构件焊接位置，应进行防锈处理。

五、幕墙组件加工制作

幕墙组件加工制作主要包括隐框及半隐框玻璃幕墙打胶组件加工制作工艺、明框幕墙组件加工制作工艺、幕墙开启扇组件加工制作工艺、单元式幕墙加工制作工艺等。

（一）隐框、半隐框打胶组件加工制作工艺

1. 一般规定

（1）隐框幕墙组件包括开启窗组件和结构玻璃组件。

（2）隐框、半隐框玻璃幕墙结构玻璃组件应在洁净、通风的注胶间内组装和注胶，其环境温度、湿度条件应符合结构胶产品的要求。隐框、半隐框玻璃幕墙结构玻璃组件应在洁净、通风且环境温度、湿度条件符合结构胶产品要求的养护间内固化。

（3）硅酮密封胶注胶前必须取得合格的相容性检验报告，必要时应加涂底漆；双组分硅酮结构密封胶尚应进行混匀性蝴蝶试验和扯断试验。

（4）采用硅酮结构密封胶粘结板块时，不应使结构胶长期处于单独受力状态。硅酮结构密封胶组件在固化并达到足够承载力前不应搬动。

（5）隐框玻璃幕墙装配组件的注胶必须饱满，不得出现气泡，胶缝表面应平整光滑；回收胶缝的余胶不得重复使用。

（6）框支承玻璃幕墙应采用安全玻璃。

（7）幕墙玻璃之间的拼接胶缝宽度应满足玻璃和胶的变形要求。

（8）玻璃板块注胶时要注意安全。应防止在使用中的溶剂中

毒，且应保管好溶剂，以免发生火灾。

（9）隐框或横向半隐框玻璃幕墙，每块玻璃的下端应设置两根铝合金或不锈钢托条。托条应能承受该分格玻璃的重力荷载作用。且长度不应小于 100mm、厚度不应小于 2mm、高度不应超出玻璃外表面。托条上应设置衬垫。

（10）明框幕墙玻璃下边缘与下边框槽底之间应采用硬橡胶垫块衬托，垫块数量应为 2 个，厚度不应小于 5mm，每块长度不应小于 100mm。

（11）框架承玻璃幕墙单片玻璃的厚度不应小于 6mm，夹层玻璃的单片厚度不宜小于 5mm。夹层玻璃和中空玻璃的单片玻璃厚度相差不宜大于 3mm。

（12）幕墙的连接部位，应采取措施防止产生摩擦噪声。隐框幕墙采用挂钩式连接固定玻璃组件时，挂钩接触面宜设置柔性垫片。

2. 组件制作设备、机具和仪器

（1）组件制作所用设备和机具

1）双组分注胶机或单组分气动注胶枪，空气压缩机。

2）活动式玻璃组件组装注胶架。

3）组装用的各种量具。

4）其他机具。

（2）检测仪器

邵氏硬度计、韦氏硬度计、金属测厚仪、玻璃测厚仪和温湿度计。

3. 组件制作的工艺流程

框架制作—设备、材料准备—净化—上底漆—定位—注胶—清洗—养护。

4. 组件制作工艺

（1）框架制作

1）按设计图纸和料单检查铝合金附框尺寸。

2）按设计图纸将连接片、附框组铆成框。

3）按图纸检查首件框架尺寸及偏差。首件合格后，进行批量制作。

4）在框架批量生产中，应按设计图纸检查框架尺寸及允许偏差，框架尺寸允许偏差应符合表 5-1 的要求。

框架尺寸允许偏差（mm）　　　　　　　　　　表 5-1

序号	项　　目	尺寸范围	允许偏差	检测方法
1	框架下料尺寸	—	±0.5	用钢卷尺测量
2	槽口（长度）尺寸	≤2000	±0.5	用钢卷尺测量
		>2000	±2.0	
3	构件对边尺寸差	≤2000	≤1.5	用钢卷尺测量
		>2000	≤2.5	
4	构件对角线尺寸差	≤2000	≤2.5	用钢卷尺测量
		>2000	≤3.0	
5	装配间隙	—	≤0.4	用塞尺测量
6	同一平面度差	—	≤0.4	用深度尺测量

（2）注胶前准备

1）玻璃板块结构胶注胶人员均应经过专业培训，经考核合格后方能操作。

2）注胶机、各类仪表必须完好；胶枪擦拭干净；混合器、压胶棒等各部件处于良好工作状态。应定期检查混合器内筒的内孔与芯棒之间的配合间隙是否在 0.2mm 之内，每日工作完毕，应将未用完的胶注回原桶，以保持胶路畅通。

3）检查材料

① 玻璃板块组件所用材料，均需符合设计图纸和国家现行标准规范的相关规定，并有出厂合格证。

② 结构胶必须有与所有接触材料的粘结力及相容性试验合格报告，并应有物理耐用年限和质量保证书。

③ 结构胶必须有出厂日期、批号、其贮存有效期限应大于 6 个月。严禁使用过期胶。

④ 玻璃边缘必须磨边、倒角。磨边尺寸在图纸未注明时按45°磨边，磨边尺寸为1.5～2.0mm。

⑤ 熟悉节点图纸和工艺资料。图纸上结构胶粘接宽度不应小于7mm，厚度不应小于6mm，且不应大于12mm。

（3）表面清洗

半隐框、隐框幕墙中，对玻璃面板及铝框的清洁应按符合下列要求：

1）为了保证粘结强度，被粘结表面必须洁净、干燥，无任何水分、油污和尘埃等污物。

2）玻璃和铝框粘结表面的尘埃、油渍和其他污物，应分别使用带溶剂的擦布和干擦布清除干净。

3）应在清洁后15～30min内进行注胶；注胶前再度污染时，应重新清洁。

4）每清洁一个构件或一块玻璃，应更换清洁的干擦布。

5）清洗材料

① 油性污渍：用丙酮、二甲苯或工业酒精。

② 非油性污渍：用异丙醇和水各50%的混合溶剂。

③ 棉布：白色清洁、柔软、烧毛处理的吸水棉布。

6）净化方法

① 双布净化法：将溶剂倒在一块干净小布上，单向擦拭玻璃和型材的粘结部位，并在溶剂未挥发前，再用另一块干净小布将溶剂擦拭干净。用过的棉布不能重复使用，应及时更换。

② 不可用小布到容器内沾溶剂，以防小布污染溶剂。

③ 清洁时应严格遵守所用溶剂标签上的注意事项。

（4）涂底漆

根据粘结性试验报告的结果决定是否涂底漆。如果需要涂底漆，应符合试验报告确定的底漆种类及牌号。

（5）定位

1）将框架平放在活动式玻璃组件组装注胶架的定位夹具上，按图纸安放双面胶带和玻璃。注意玻璃镀膜面朝向应符合图纸要求。

2）玻璃定位后形成的空腔宽度和厚度尺寸应符合设计图纸要求。注胶前应逐块检查净化和定位质量。

（6）注胶

1）用硅酮结构胶粘固定构件时，注胶应在温度 15℃以上、30℃以下，相对湿度 50% 以上，且洁净通风的室内进行。胶的宽度、厚度应符合设计要求。

2）贴保护胶带纸：将靠近注胶处左右范围的铝型材和玻璃表面用保护胶带纸保护起来。

3）注胶前应严格核对结构胶的牌号、保质期和颜色。严禁使用过期胶和用错胶号。

4）双组分结构胶应按产品说明书，进行基料和固定剂的配置、混合并搅拌均匀。并按结构胶、耐候胶试验方法规定做蝴蝶试验和扯断试验，试验合格后方可注胶。

① 蝴蝶试验：将已混合的双组分结构胶，在一张白纸上挤注一直径约 20mm、高约 15mm 的胶体。将纸沿胶体中心折叠，然后用两手大拇指和食指将胶压扁到 3mm 左右。打开纸检查胶体，如出现白色条纹或白色斑点，说明胶还未充分混合，不能用于注胶；如果颜色均匀，无白色条纹和斑点，说明胶已充分混合，可用于注胶。

②扯断试验：在一只小杯中装入约 3/4 深度的已混合均匀的胶，用一根棒（或舌状压片）插入结构胶中。每隔 5min 从结构胶中拔出该棒。直至结构胶被扯断，记录下扯断时间。

5）注胶

① 单组分胶可使用手动或气动注胶枪注胶，双组分胶用注胶机注胶。注胶时，胶枪与胶缝成 45°角并保持适当速度，以保证胶体注满空腔，并溢出表面 2～3mm，使空腔内空气排走，防止产生空穴。用压缩空气注胶时，要防止胶缝内残留气泡，注胶速度应均匀，不应忽快忽慢，确保胶缝饱满、密实。在玻璃板块制作中，应按随机抽样原则，每 100 件制作两个剥离试样，每超

过 100 件其尾数加做一个试样，用来检验结构胶与被粘结物的粘结强度。剥离试样为一块 200mm×300mm 的玻璃和一根 300mm 长的铝型材作基片，基片应与工程实际使用的材料相同。用工程实际使用的溶剂和工艺清洁基片表面。用工程实际使用的结构胶在已洁净、干燥的基片表面（玻璃表面和型材表面）各挤注一条 200mm×10mm×10mm 的胶体，然后放置养护室固化。

② 检验：检验员对注胶过程进行检验，并编号、记录、归档。

③ 刮平：整个板块注胶结束，应在胶表面未固化前，立即用括刀将胶缝压实，刮平。达到胶缝平滑，缝宽整齐一致，厚度、宽度允许偏差符合相关国家及行业规范的规定。

④ 标记：每件玻璃板块均应贴上标牌，清洁和注胶人员均应在标牌上记录自己的工号，并作好生产记录。

（7）清洗污渍

玻璃板块注胶后，组件表面如沾上污渍可用丙酮或二甲苯清洗，注意不可接触胶缝。然后撕去保护胶带。

（8）板块养护

1）玻璃板块注胶后应立即移至养护室进行养护。

2）养护环境

使用双组分胶的玻璃板块与试样的养护环境温度应在 10～30℃，相对湿度应在 35％～75％之间。使用单组分胶的玻璃板块与试样的养护环境温度应在 5～48℃，相对湿度应在 35％～75％之间。如养护环境达不到以上标准，将影响固化效果，应适当延长养护周期。

3）板块的放置及固化

玻璃板块注胶后应水平放置在板架或垫块上，注意板块不允许受任何挤压，未固化前不可搬动。在标准条件下，通常双组分结构胶初步固化时间为 7d，单组分结构胶初步固化时间为 14d；使用双组分结构胶的玻璃板块完全固化时间为 14d，使用单组分结构胶的玻璃板块完全固化时间为 21d。

(9) 检验规则

1) 抽样检验

① 小样剥离试验

小样完全固化后在试样一头，用刀沿基片和胶体根部切开长30mm 的切口。用手捏住胶头，用大于 90°的角度向后撕拉，当胶体撕至厚度的一半时，用刀片再切至根部，再向后撕拉，按照此方法试验到 100mm 左右处。合格标准为只允许沿胶体撕开，如果发现胶体与基片剥离，则剥离试验不合格，该批板块被判为不合格。

② 实物剥离试验

使用单组分结构胶的玻璃板块应固化 14d，使用双组分结构胶的玻璃板块应固化 7d。在玻璃板块完全固化后，每 100 件随机抽取一件（板块制作时，每 100 件多制作一件），切开装配框与玻璃之间的结构胶，使玻璃和装配框分开，然后用刀切断结构胶并沿基材水平切出约 50mm 的胶条，用手紧握结构胶条以大于 90°方向剥离，检查结构胶是发生内聚破坏还是发生脱胶破坏，并记录内聚破坏的百分比。如果发现胶体与基片剥离，则剥离试验不合格，该批板块被判为不合格。

③ 其余项目检验

其余项目检验时抽样 10%，并不少于 5 件。检测点不合格数不超过 10%时可判为合格。

2) 外观检验

① 玻璃板块在制作完毕、胶缝固化后，应全数进行外观检验。

② 外观检验内容

玻璃板块的注胶空腔必须注满结构胶，不得出现气泡。胶缝表面应平整、光滑。

③ 尺寸偏差检查

结构玻璃板块完全固化后，其尺寸偏差应符合表 5-2 的规定。

结构玻璃板块尺寸偏差（mm）　　　　表 5-2

序号	项　　目	尺寸范围	允许偏差	检测方法
1	组件长度尺寸	≤2000	±1.5	用钢卷尺测量
		>2000	±2.0	
2	框接缝高低差	—	0.4	用钢卷尺测量
3	框内侧对角线及板块对角线	≤2000	≤2.5	用钢卷尺测量
		>2000	≤3.0	
4	胶缝宽度	—	+1.0，0	塞尺
5	胶缝厚度	—	+5，0	卡尺或钢板尺
6	板块周边玻璃与铝框位置差	—	≤1.0	卡尺或钢板尺
7	板块的平面度	—	≤2.5	深度尺或 2m 靠尺

④ 检验评定

在小样和实物剥离试验都合格的前提下，外观检验项目合格，尺寸偏差检查合格后，此批板块可评为合格。其中 10% 尺寸偏差在 20% 以内，不影响使用的，也可被评为合格品。

（10）贮存

1）检查合格的玻璃板块应放在通风、干燥的地方，严禁与酸、碱、盐类物质接触并防止雨水浸入。

2）板块应按品种、规格分类搁置在安放架或垫木上，垫木高 100mm 以上，不允许直接接触地面。

5. 隐框幕墙组件的质量要求

（1）半隐框、隐框幕墙对玻璃面板及铝框的清洁应符合下列要求：

1）玻璃和铝框粘结表面的尘埃、油渍和其他污物，应分别使用带溶剂的白布和干白布清除干净。

2）应在清洁后 15～30min 内进行注胶；注胶前再度污染时，应重新清洁。

3）每清洁一个构件或一块玻璃，应更换清洁的干白布。

（2）使用溶剂清洁时，应该符合下列要求：

1）不应将白布浸泡在溶剂里，应将溶剂倾倒在白布上。

2）使用和贮存溶剂，应采用干净的容器。

3）使用溶剂的场所严禁烟火。

4）应遵守所有溶剂标签或包装上标明的注意事项。

（3）硅硐结构密封胶注胶前必须取得合格的相容性检验报告，必要时应加涂底漆；双组分硅硐结构密封胶尚应进行混匀性蝴蝶试验和扯断试验。

（4）采用硅酮结构密封胶粘结板块时，不应使结构胶长期处于单独受力状态。硅酮结构密封胶组件在固化并达到足够承载力之前不应搬动。隐框幕墙装配组件的注胶必须饱满，不得出现气泡，胶缝表面应平整光滑；收胶缝的余胶不得重复使用。

（5）硅酮结构密封胶完全固化后，隐框幕墙装配组件的尺寸偏差应符合表 5-3 的要求。

结构胶完全固化后隐框幕墙装配组件的
尺寸允许偏差（mm）　　　　　　　　表 5-3

序号	项目	尺寸范围	允许偏差
1	框长宽尺寸	—	±1.0
2	组件长宽尺寸	—	±2.5
3	框接缝高度差	—	≤0.5
4	框内侧对角线及组件对角线差	当边长≤2000 时	≤2.5
		当边长＞2000 时	≤3.5
5	框组装间隙	—	≤0.5
6	胶缝宽度	—	+2.0，0
7	胶缝厚度	—	+0.5，0
8	组件周边玻璃与铝框位置差	—	±1.0
9	结构组件平面度	—	≤3.0
10	组件厚度	—	±1.5

(6) 当隐框玻璃幕墙采用悬挑玻璃时，玻璃的悬挑尺寸应符合计算要求，且不超过 150mm。

（二）明框幕墙组件的质量要求

明框幕墙组件主要包括开启窗组件和小单元组件。

1. 加工尺寸允许偏差

（1）组件装配尺寸允许偏差应符合表 5-4 的要求。

组件装配尺寸允许偏差（mm）　　表 5-4

项　　目	构件长度	允许偏差
型材槽口尺寸	≤2000	±2.0
	>2000	±2.5
组件对边尺寸差	≤2 000	≤2.0
	>2000	≤3.0
组件对角线尺寸差	≤2000	≤3.0
	>2000	≤3.5

（2）相邻构件装配间隙及同一平面度的允许偏差应符合表 5-5 的要求。

相邻构件装配间隙及同一平面度的允许偏差（mm）　表 5-5

项　　目	允许偏差	项目	允许偏差
装配间隙	≤0.5	同一平面度差	≤0.5

（3）单层玻璃与槽口的配合尺寸应符合图 5-1 和表 5-6 的要求。

单层玻璃与槽口的配合尺寸（mm）　　表 5-6

玻璃厚度	a	b	c
5～6	≥3.5	≥15	≥5
8～10	≥4.5	≥16	≥5
≥12	≥5.5	≥18	≥5

（4）中空玻璃与槽口的配合尺寸应该符合图 5-2 和表 5-7 的要求。

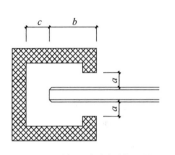

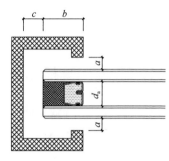

图 5-1　单层玻璃与槽口的　　　　图 5-2　中空玻璃与槽口的
　　　　配合示意　　　　　　　　　　　配合示意

中空玻璃与槽口的配合尺寸（mm） 表 5-7

中空玻璃厚度	a	b	c		
			上边	下边	侧边
$6+d_a+6$	≥5	≥17	≥7	≥5	≥5
$8+d_a+8$ 及以下	≥6	≥18	≥7	≥5	≥5

注：d_a 为空气层厚度，不应小于 9mm。

2. 加工要求

（1）明框幕墙组件的导气孔及排水孔设置应符合设计要求，组装时应保证导气孔及排水孔通畅。

（2）明框幕墙组件应拼装严密。设计要求密封时，应采用硅硐建筑密封胶进行密封。

（3）明框幕墙组件组装时，应采取措施控制玻璃与铝合金框料之间的间隙。玻璃的下部分边缘应采用两块压模成型的氯丁橡胶垫块支承，垫块的尺寸应符合要求。

（三）单元式幕墙板块组件的制作工艺

1. 一般规定

（1）严格按复测放线后变更设计的幕墙施工设计图进行单元

式幕墙板块组件的制作。

（2）单元式幕墙板块组件的制作应在工厂车间内进行。

（3）单元式幕墙在加工前，应对板块进行编号，并注明加工、运输、安装顺序和方向。

（4）单元式幕墙板块所用材料、零件和组件均应为合格品，严禁不合格品进入单元式幕墙板块的制作加工车间。

（5）单元式幕墙板块组件的组合尺寸公差应符合图纸要求。

（6）单元式幕墙单元间采用对插式组合构件时，纵横缝相交处应采用防渗漏封口结构。

（7）明框单元板块在搬运、吊装过程中，应采取措施防止玻璃滑动或变形。

2. 主要加工设备、机具和仪器

（1）主要加工设备和机具：工件台架、吊运机械、组装定位平台、零件存放台架、双组分注胶机、单组分气动注胶枪、空气压缩机、玻璃清洗设备、量具和其他机具。

（2）检测仪器：邵氏硬度计、韦氏硬度计、金属测厚仪、玻璃测厚仪和温湿度计。

3. 制作工艺流程

生产准备—框架制作—定位、面材安装—开启扇安装—外装饰线条安装—清洗—贴标识。

4. 制作工艺

（1）生产准备

1）主要工装准备

① 单元板块的组装应有满足生产要求的生产流水线。流水线包括可供工件滚动式推进的工件台架、简易吊运机构、组装定位型架和必要的气源、电源等。

② 应有便于查找各种铝型材、密封胶条和紧固件等的零件存放台架。

③ 应有安放成品的单元板块存放台架。

④ 应有气动工具和注胶设备。

2）主要器材的准备

① 根据设计图纸和零组件标识有序地挑选组成板块的铝型材，经复查尺寸合格后取用。

② 根据设计图纸和附件清单有序地挑选组装成板块所需的附件，如各种螺栓、螺钉和密封胶条等零附件。

③ 检验：按设计图纸检查组件数量、品种、规格与其标识是否相符；检查附件数量、品种、规格和质量，必要时查看附件质量合格证明书；表面处理情况符合《建筑幕墙》GB/T 21086—2007 的要求（或合同要求）。

3）单元式幕墙在加工前应对板块进行编号，并应注明加工、运输、安装方向和顺序。

（2）框架组装

1）对于组装成型后不便进行穿插密封胶条施工的零组件，应首先将密封胶条穿插到零组件上。

2）经检查后按设计图纸将立柱、横梁组装成框：

① 横梁可通过连接件、螺钉或螺栓与立柱连接，连接件应能承受横梁的剪力和扭矩，其厚度不宜小于 3mm，连接件与立柱之间的连接螺钉或螺栓应满足抗剪和抗扭承载力的要求。

② 所有连接用不锈钢螺钉在安装时应带胶装配。安装完毕后的外露钉头必须用密封胶全部覆盖，胶的厚度不小于 2.5mm。

③ 立柱、横梁铝型材连接处缝隙应注满密封胶，注胶时不得堵塞排水通道。

3）检验

① 按图纸检查首件框架尺寸偏差。首件合格后方可批量制作。

② 检验注胶部分的注胶质量是否合格。

（3）安装准备

1）玻璃、各种形式的铝板、石材和不锈钢板等均属于幕墙的覆面材料。

2）安装前的准备

① 凡结构板块制作人员均应经过专业培训，考核合格后方能操作。

② 所有覆面材料，均需符合国家相关规范的规定并应有出厂合格证；结构胶必须有与所有接触材料的粘结力及相容性检验合格报告，并应有物理耐用年限和质量保证书。结构胶必须有出厂日期、批号，不得使用过期胶。

③ 玻璃、铝板、石材及不锈钢等覆面材料按设计图纸或合同要求检查其尺寸、规格及外观质量。

④ 注胶机、各类仪表必须完好。胶枪擦拭干净。混合器、压胶棒等各部件处于良好工作状态。应定期检查混合器内筒的内孔与芯棒之间的配合间隙是否在 0.2mm 之内，每日工作完毕后，应将未用完的胶注回原桶，以保持胶路畅通。

（4）定位，安装覆面材料

1）将框架置于平台的定位夹具上，按设计图纸将覆面材料平放入（或斜插入）已组装好的框架中。

2）明框幕墙组件的安装应符合下列规定：

① 明框幕墙组件的导气孔及排水孔设置应符合设计要求，组装时应保证导气孔及排水孔通畅。

② 明框幕墙组件应拼装严密。设计要求密封时，应采用硅酮建筑密封胶密封。

③ 应采取措施控制玻璃与铝合金框料之间的间隙，玻璃与构件的配合尺寸应符合设计及规范的要求，玻璃嵌入量应符合表 5-6 或表 5-7 的规定。

④ 玻璃的下边缘应采用两块压模成型的硬橡胶垫块支承，垫块的宽度与槽口宽度应相同，长度不应小于 100mm，宽度不应小于 5mm。

⑤ 橡胶条镶嵌应平整、密实，橡胶条长度宜比边框内槽口长 1.5%～2.0%，其断口应留在四角；拼角处应粘结牢固。

⑥ 不得采用自攻螺钉固定承受水平荷载的玻璃压条。压条的固定方式、固定点数量应符合设计要求。

3) 隐框幕墙组件的安装应符合下列规定：

① 隐框幕墙组装时，应采用分中定位的方法，保证胶缝的宽度基本一致，不得将公差集中到一边。

② 板块组件应安装牢固，固定点距离应符合设计要求，且不大于300mm，不得采用自攻螺钉固定玻璃板块。

③ 隐框玻璃板块下部设置支承玻璃的托板，应采用铝合金或不锈钢材料，长度不应小于100mm，厚度不应小于2mm。

④ 隐框或竖明横隐玻璃板块在安装后，相邻两玻璃之间的接缝高低差不应小于1mm。

⑤ 隐框或半隐框玻璃幕墙的胶缝质量，应横平竖直，缝宽均匀，填嵌密实、均匀、光滑、无气泡。

4) 安装石材前应在镶嵌缝隙内注胶。

5) 按设计图纸的要求固定覆面材料。如用胶条固定，应注意嵌入胶条时不得损坏玻璃等覆面材料；如用结构胶粘结，安装双面胶带时，如果结构胶尺寸及双面胶带尺寸之和没有沾满整个框架，应用定位模具安放双面胶带，以保证结构胶的粘结宽度；如用注胶固定，则应首先用小橡胶块固定后再行注胶，注胶应符合规定。

（5）安装开启窗

将组装完毕并经检验合格后的开启窗扇安装在框架上，注意开启窗密封胶条的安装。

（6）其他

1) 安装装饰外罩板。

2) 清洁全部组装完毕的板块，擦拭玻璃等覆面材料。

3) 在容易看到的部位粘贴产品标识。

4) 出具产品合格证。

如覆面材料的安装为采用结构胶注胶粘结，则需进行板块养护。养护的相关技术要求应符合相关国家及行业规范的规定。

5. 质量标准

（1）幕墙组件框加工尺寸允许偏差应符合表5-8的规定。

单元组件框加工制作允许尺寸偏差（mm）　表 5-8

序号	项目	尺寸范围	允许偏差	检查方法
1	框长（宽）度	≤2000	±1.5	钢尺或板尺
		>2000	±2.0	
2	分格长（宽）度	≤2000	±1.5	钢尺或板尺
		>2000	±2.0	
3	对角线长度差	≤2000	≤2.5	钢尺或板尺
		>2000	≤3.5	
4	接缝高低差	—	≤0.5	游标深度尺
5	接缝间隙	—	≤0.5	塞尺
6	框面划伤	—	3 处且总长≤100	—
7	框料擦伤	—	3 处且总长≤200	—

（2）当采用自攻螺钉连接单元组件框时，每处螺钉不应少于 3 个，螺钉直径不应小于 4mm。螺钉孔最大内径、最小内径和拧入扭矩应符合表 5-9 的要求。

螺钉孔内径和扭矩要求　表 5-9

螺钉公称直径（mm）	孔径（mm）		扭矩（Nm）
	最小	最大	
4.2	3.430	3.48	4.4
4.6	4.015	4.065	6.3
5.5	4.735	4.785	10.0
6.3	5.475	5.525	13.6

（3）单元板块的构件连接应牢固，构件连接处的缝隙应采用硅酮建筑密封胶密封，胶缝的施工应符合相关国家及行业规范的规定。

（4）单元板块的吊挂件、支承件应具备可调整范围，并应采用不锈钢螺栓将吊挂件与立柱固定牢固，固定螺栓不得少于 2 个。

（5）单元组件组装允许尺寸偏差应符合表 5-10 的规定。

单元组件装允许尺寸偏差（mm）　　表 5-10

序号	项目		允许偏差	检查方法
1	组件长度、宽度	≤2000 时	±1.5	钢尺
		>2000 时	±2.0	
2	组件对角线长度	≤2000 时	≤2.5	钢尺
		>2000 时	≤3.5	
3	胶缝宽度		+1.0，0	卡尺或钢板尺
4	胶缝厚度		+0.5，0	卡尺或钢板尺
5	各搭接量（与设计值比）		+1.0，0	钢板尺
6	组件平面度		≤1.5	1m 靠尺
7	组件内镶板间接缝宽度（与设计值比）		±1.0	塞尺
8	连接构件竖向纵轴线距组件外表面（与设计值比）		±1.0	钢尺
9	连接构件水平轴线距组件水平对插中心线		±1.0（可上下调解时±2.0）	钢尺
10	连接构件竖向轴线距组件竖向对插中心线		±1.0	钢尺
11	两连接构件中心线水平距离		±1.0	钢尺
12	两连接构件上、下端水平距离差		±0.5	钢尺
13	两连接构件上、下端对角线差		±1.0	钢尺

（6）单元板块的硅酮结构密封胶胶缝不宜外露。

（7）单元板块在搬动、运输、吊装过程中，应采取防止变形措施。

（8）单元板块组装完成后，加工工艺孔宜封堵，通气孔和排水孔应畅通。

六、成品和半成品保护措施

幕墙构件在制作、运输、施工安装等过程中均需制定详细的成品、半成品保护措施，防止幕墙构件的损坏，造成无谓的损失。

（一）材料进厂、加工、包装阶段保护措施

材料采购运到加工厂后，应按照规划的固定区域进行摆放。

1. 材料进厂阶段保护措施

（1）铝型材

1）铝型材到厂后，检验员按采购控制程序规定进行检验，质监员查验后统一堆放于材料库房，采用人力运输车将型材运输到各加工中心，轻拿轻放，不得碰撞。

2）运输前需经包装，表面应有保护贴膜，并标明型材规格、编号，整齐摆放，以便吊装、运输。

3）型材存放需要台架、垫木方或胶垫等软质物。

（2）玻璃

1）玻璃用木箱包装，运至加工厂后，用吊机卸货，堆放到玻璃存放区。露天存放时，需用苫布盖上，保留透气孔，并每周进行检查，防止玻璃发生霉变。

2）玻璃运输前，需要按照要求编号、注明规格。

3）玻璃周转使用玻璃架，玻璃架上采取垫胶垫等防护措施。

4）卸货过程中，应轻拿轻放，堆放整齐。

（3）其他材料存放保护措施

1）其他需要在加工厂加工组装的材料包括胶、五金件、保

温棉等，采购进厂后，需要按照固定的存放区进行存放。

2）密封胶、胶条储存于阴凉场所，避免阳光直接照射，密封胶应按生产批次存放，确保在有效期内使用（图 6-1）。

图 6-1　构件、散件钉箱保护

2. 材料加工阶段产品保护措施

（1）铝型材加工阶段

1）型材加工、存放所需台架等均需垫木方或胶垫等软质物。

2）型材周转车、工位器具等，凡与型材接触部位均以胶垫防护，不允许型材与钢质构件等其他硬质物品直接接触。

3）切割好的铝材擦拭干净后进行贴膜保护，注意不可漏贴，贴在铝材上的塑料膜两端的超出部分不宜过长，以免浪费。

4）贴膜后的铝材应光滑，不可有皱痕与裂口。

5）贴膜完毕，应按要求堆放。

6）成品入库前，应把标识上的型号、数量及规格等做好记录，以备查寻。

7）成品入库后，要按规格、型号摆放整齐。

（2）铝型材包装阶段

1）产品经检查及验收合格后，方可进行包装。

2）包装工人应按规定的方法和要求对产品进行包装。型材包装前应将其表面及腔内铝屑擦净，防止划伤。型材包装采用先贴保护胶带，然后外包带塑料膜的牛皮纸的方法。不同规格、尺寸、型号的型材不宜一起包装，相同规格的铝型材应尽量包装在一起。

3）包装工人在包装过程中发现型材变形、表面划伤、气泡、腐蚀等缺陷或在包装其他产品时发现质量问题，应及时向检验人员提出。

4）对于截面尺寸较大的型材即最大一侧表面尺寸宽度大于40mm左右的，采用保护胶带粘贴型材表面，然后进行外包装。

5）对于截面尺寸较小的型材（各种附框）视具体尺寸宜用编织带成捆包扎。

6）对于组框后的窗或副框等尺寸较小者可用纺织带包裹，尺寸较大不便包装者，可用厚胶条分隔，避免相互擦碰。

7）包装应严密牢固，避免在周转运输中散包。

8）产品包装时，在外包装上用毛笔写明或用其他方法注明产品的名称、代号、规格、数量、工程名称等。

9）包装完成后，如不能立即装车发送现场，应放在指定地点，摆放整齐（图6-2）。

图6-2 成品保护

（3）玻璃板块加工、组装阶段

1）玻璃周转使用玻璃架，玻璃架上采取垫橡胶垫等防护措施。

2）玻璃板块加工、组装平台需平整，并垫以毛毡等软质物。

3）玻璃板块注胶前需清理材料表面，注胶完成后的半成品固化养护后，经包装后用叉车运至半成品堆放区，做好标识，准备运到施工现场。

4）半成品送到堆放区后，应做好防护措施，注明运输顺序，分类摆放，做好安全标识。

5）一般情况下，成品玻璃板块组件至少应在车间养护7d以上方可装箱。

6）成品组件应存放在无污、无酸性气体和无大量粉尘的环境。

7）幕墙单元板块、成品组件的摆放，一般1个单元组件应只摆放至一个周转架，特殊情况需另行处理（图6-3）。

3. 装箱保护措施

幕墙构件装箱时，应满足以下要求（图6-4）：

图 6-3　单元板块、成品组件摆放　　　图 6-4　板块贴保护膜

1）认真阅读、理解包装成品装箱图纸，核对产品的尺寸、数量，按照产品的尺寸、数量定做包装箱。

2）准备包装所用的设备、工具、量具，对所用的包装设备、工具进行工作前的检查。

3）产品装饰面应贴保护胶纸，装箱时，成品与成品接触面应垫保护层，包装箱四周应垫泡沫块，防止成品与木箱碰撞。

4）产品装完后，封箱用铁皮带打包并牢固绑扎。

5）包装箱外应有技术要求规定的标识、箱号等。

（二）半成品、构件运输过程保护措施

本节主要介绍幕墙构件运输过程中的保护措施。

1. 铝型材

（1）型材产品应妥善包装后装车，且应沿车厢长度方向摆放，即型材长度方向与汽车行驶方向一致。

（2）摆放需紧密、整齐，不留空隙，防止在行驶中发生窜动。

（3）型材摆放高度超出车厢板时，需捆扎牢固。

（4）型材不可与钢件等硬质材料混装。

2. 玻璃组件

（1）玻璃板块装车时需平放，用木箱包装，每五块左右玻璃捆扎在一起，固定在专用的运输架上，底部铺垫草垫，两块玻璃用草垫隔离，根据需要，确保车辆行驶中的震荡和晃动不使玻璃破损。

（2）运输中应尽量保持车辆行驶平稳，路况不好注意慢行，公路运输、铁路运输时应遵守相应规定。

（3）单元窗板块、幕墙单元板块运输应使用专用固定运输架。

七、幕墙加工安全与防护

（一）劳动保护与消防安全

（1）凡从事带电作业的人员，必须穿绝缘鞋、戴绝缘手套，防止发生触电事故。

（2）幕墙构件、配件加工、安装过程中，从事电、气焊作业的人员，应穿绝缘鞋，戴施工护目镜及防护面罩。从事有尘、有毒、噪声等有害作业的人员，需要佩戴防尘、防腐口罩和防噪声耳塞等防护用品。

（3）操作旋转机械的人员，应穿"三紧"（袖口紧、下摆紧、裤脚紧）工作服；不可戴手套、围巾。

（4）焊、割作业不可与油漆、喷漆、木料加工等易燃、易爆作业同时上下交叉进行。

（二）幕墙构、配件加工安全

（1）幕墙构件、配件加工的作业人员应经过培训，熟练掌握型材、金属构件、板材加工设备、机具的使用方法和加工工艺。

（2）加工前应进行试机，观察加工设备运行是否正常。

（3）加工设备正面需留宽度 1.2m 以上的安全通道。成品件应放在工作通道以外的堆放场所，并堆码整齐，防止成品塌落伤人。

（4）剪冲加工时应符合下列要求：

1）剪冲加工前应进行试机，检查加工设备是否正常，安全装置是否良好，禁止设备带病作业。

2）剪冲和切割作业机械设备周围应设置防护栏，非作业人员禁止进入防护栏内。

3）加工时，切割机前应设防护网，加工工人应戴防护镜，防止铝屑伤人。

4）上下工件、紧固、调整时必须在停机状态下进行操作，确认工件紧固后，方可开机加工。

（5）注胶时应防止胶液接触脸部和眼睛。注胶场所应严禁烟火。

（三）手持式电动工具安全

操作手持式电动工具应符合下列要求：

（1）工具使用前，应经专职电工检验接线是否正确，防止零线与相线错接造成事故。长期搁置不用或受潮的工具在使用前，应由电工测量绝缘电阻是否符合要求。

（2）工具自带的软电缆或软线不得接长，当电源与作业场距离较远时，应采用移动电闸箱解决。

（3）发现工具外壳、手柄破裂时，应停止使用，并进行更换。非专职人员不得擅自拆卸和修理电动工具。

（4）手持式电动工具的旋转部件应有防护装置。电源处应装有漏电保护器。

（5）作业人员应按规定穿戴绝缘防护用品（绝缘鞋、绝缘手套等）。

习 题

(一) 判断题

1. [初级] 一般民用建筑由基础、墙体和柱、楼板、楼梯、屋顶及门窗、隔墙等组成，有些建筑还有阳台、雨篷等组成部分。

【答案】正确

2. [初级] 建筑幕墙按面板材料可分为：玻璃幕墙、金属板幕墙、石材幕墙、组合幕墙等。

【答案】正确

3. [初级] 电焊机应设置专业闸刀开关，不使用时应及时切断电源，电焊机外壳应有良好的接地装置。

【答案】正确

4. [初级] 云石机又称手提式切割机，是专门用于石材切割的机具。各种石料、瓷砖的切割一般都用云石机来完成。

【答案】正确

5. [初级] 钻孔类机具主要是手持式电动工具，其主要优点是重量轻、效率高、操作简单、使用灵活、携带方便、适应能力强、互换性好。

【答案】正确

6. [初级] 幕墙工程中钉、铆是连接、固定构件与构件最普遍的操作工艺。

【答案】正确

7. [初级] 幕墙基本加工操作包括下料切割作业、冲切作业、钻孔作业、锣榫加工作业、铣加工作业等。

【答案】正确

8. 〔初级〕钢化玻璃的强度远远高于浮法玻璃的强度。

【答案】正确

9. 〔初级〕幕墙是一种悬挂于建筑物主体结构框架外侧的外墙维护构件。

【答案】正确

10. 〔初级〕高空坠落防护用品主要是安全带、安全绳、安全网。

【答案】正确

11. 〔初级〕工作台是钳工画线、钻孔、攻丝、除毛刺以及装配工作中必备的设备。

【答案】正确

12. 〔初级〕隐框玻璃幕墙的破坏主要是结构密封胶粘结失效造成的,隐框玻璃幕墙是否安全可靠取决于粘结是否可靠。

【答案】正确

13. 〔初级〕操作人员应严格把住质量关,不合格的材料不使用,不合格的工序不交接,不合格的工艺不采用,不合格的产品不交工。

【答案】正确

14. 眼部防护主要是护目镜,如焊接用护目镜和面罩。

【答案】正确

15. 〔初级〕手动真空吸盘是用来搬运玻璃的工具,它是利用重力将圆盘紧紧吸在玻璃的表面上。

【答案】错误

【解析】手动真空吸盘的工作原理是利用大气压力将圆盘吸在玻璃表面上。

16. 〔中级〕禁止标志是禁止人们不安全行为的圆形标志。其基本形式为带斜杠的圆形框,颜色为白底、红圈、红杆、黑图案。

【答案】正确

17. 〔中级〕铝合金型材槽口的长度和宽度只允许正偏差,

不允许负偏差，以防止出现装配受阻。

【答案】正确

18.〔中级〕铝合金型材榫头的长度和宽度只允许负偏差，不允许正偏差，以便配合安装施工。

【答案】正确

19.〔中级〕半隐框、隐框幕墙中，清洁玻璃面板及铝框后不能在 1h 内及时注胶的，应用干净的布进行包裹，以便随时可以进行注胶作业。

【答案】错误

【解析】清洁后的基材要求必须在 15～30min 内进行注胶，否则要进行第二次清洁。

20.〔中级〕玻璃、钢材、水泥、木材是现代建筑的四大材料。

【答案】正确

21.〔中级〕双组分结构胶的玻璃板块与试样的养护环境温度应在 10～30℃之间，相对湿度应在 35～75℃之间。

【答案】正确

22.〔中级〕单组分结构胶的玻璃板块与试样的养护环境温度应在 5～48℃之间，相对湿度应在 35～75℃之间。

【答案】正确

23.〔中级〕在标准条件下，通常双组分结构胶初步固化时间为 7d，使用双份胶的玻璃板块完全固化时间为 14d。

【答案】正确

24.〔中级〕在标准条件下，通常单组分结构胶初步固化时间为 14d，使用单组分胶的玻璃板块完全固化时间为 21d。

【答案】正确

25.〔中级〕石材面板采用无龙骨干挂法，是近几年新兴起的一种幕墙干挂方式，具有施工速度快、经济性好等特点。

【答案】错误

【解析】由于该种挂法无支承龙骨，不完全具备建筑幕墙的基本特征，不属于建筑幕墙，应属于饰面工程。

26. ［中级］除全玻璃幕墙外，不应在现场打注硅酮结构密封胶；硅酮结构密封胶不宜作为硅酮建筑密封胶使用。

【答案】正确

27. ［中级］隐框或横向半隐框玻璃幕墙，每块玻璃的下端应设置两根铝合金或不锈钢托条。托条长度不应小于 100mm，厚度不应小于 2mm，高度不应超出玻璃外表面。

【答案】正确

28. ［中级］单元式幕墙的单元组件加工、隐框幕墙的装配组件加工可在现场加工。应在现场划出足够的场地，设置封闭的加工车间。

【答案】错误

【解析】由于单元式幕墙、隐框幕墙玻璃组件等牵涉到结构胶的打注和养护，对环境温度、湿度都有要求，必须在工厂进行。

29. 幕墙构件在仓储过程中应首先平整地面，满足平整要求后放置在地面上，并采用不透水的材料将构件包裹。

【答案】错误

【解析】幕墙构件应仓储于通风、防潮、防晒、防雨的环境中，不可直接放在仓库地面上；玻璃组件不可采用不透水的材料包裹，防止玻璃发生霉变。

30. 铝型材的幕墙加工，按照工序划分为截料，制孔，槽、豁、榫加工及弯加工等。

【答案】正确

31. ［中级］双组分结构胶应按产品说明书在使用前做蝶式试验和扯断试验，合格后方可使用。

【答案】正确

32. ［高级］单层铝板折边的角部宜相互连接；作为面板支承的加强肋，其端部与面板折边相交处应连接牢固。

【答案】正确

33.〔高级〕幕墙工程用连接件、支承件折弯应在折弯机上进行折弯，不宜用冲床折弯。

【答案】正确

34.〔高级〕支承钢结构的部件组装焊接。在组装平台上用定位夹具，将支承钢结构的组装配件定位夹紧，用电焊机进行焊接；焊接工作量大时，应采取反变形措施。

【答案】正确

35.〔高级〕低辐射镀膜玻璃与硅酮结构密封胶不相容时，应除去镀膜层。

【答案】正确

36.〔高级〕幕墙工程用拉杆（索）与端头可进行焊接。

【答案】错误

【解析】采用焊接会破坏不锈钢内部晶体结构，影响结构安全。不锈钢拉索与锚头应采用压制或热浇锚工艺。

37.〔高级〕单元式幕墙单元间采用对插式组合构件时，纵横缝相交处应采用防渗漏封口结构。

【答案】正确

38.〔高级〕在医院、商业中心、公共交通枢纽等人流量大的地方，在设计及结构计算确保安全的前提下，可以使用隐框玻璃幕墙。

【答案】错误

【解析】依据住房和城乡建设部、国家安全监管总局《关于进一步加强玻璃幕墙安全防护工作的通知》（建标〔2015〕38号）规定：人员密集、流动性大的商业中心，交通枢纽，公共文化体育设施等场所，临近道路、广场及下部为出入口、人员通道的建筑，严禁采用全隐框玻璃幕墙。

（二）单选题

1.〔初级〕选择手电钻，首先要满足工作内容的要求，厚度在（　　）以下的材料钻孔宜选用转速高、手电钻钻头有外排屑式麻花钻头、空心钻头和孔锯钻头。

A. 8mm   B. 10mm

C. 12mm   D. 14mm

【答案】B

【解析】手电钻常用配件是麻花钻头，最适用于铁、铝合金等材料，也可用于木质材料，基材厚度以不超过 10mm 为宜。

2. ［初级］用两块厚 0.8～1.2mm、1.2～1.8mm 的铝板，夹在不同材料制成的蜂巢状中间夹层的两面组成的材料是(   )。

A. 单层铝板   B. 复合铝板

C. 铝蜂窝复合板   D. 纯铝板

【答案】C

【解析】铝蜂窝复合板面板标称厚度不应小于 1.0mm，背板标称厚度不应小于 0.7mm，总体厚度不应小于 10mm。

3. ［初级］(   )因结构简单、价格便宜、使用和维护方便，在装饰施工中的焊接作业中使用广泛。

A. 电焊机   B. 交流弧焊机

C. 直流弧焊机   D. 对焊机

【答案】B

【解析】幕墙施工安装主要使用交流弧焊机，其特点是结构简单、易造易修、成本低、效率高等优点。

4. ［初级］电焊机的放置：防雨、防潮、防晒，上面有防雨防砸棚，下面应垫起离地(   )cm 以上。

A. 0   B. 10

C. 20   D. 30

【答案】C

【解析】现场使用的电焊机应设有可防雨、防潮、防晒的机棚，并配有消防用品，下面应垫起离地 20cm 以上。

5. ［初级］风动拉铆枪及风动增压式托铆枪都是以(   )为动力的设备。

A. 电能   B. 水压

C. 压缩空气   D. 空气

【答案】C

【解析】拉铆枪根据动力类型分为电动、手动和风动等几种类型，其中风动的以压缩空气为动力使用最为广泛。

6. ［初级］下列工具中，（   ）是一种直接完成紧固技术操作的工具。

　　A. 打钉枪   B. 拉铆枪
　　C. 射钉枪   D. 电焊枪

【答案】C

【解析】射钉枪工作原理是击发射钉弹使两个构件连成一体。

7. ［初级］铝合金型材、钢材、索杆等材料等一般统称为（   ）。

　　A. 板块材料   B. 骨架材料
　　C. 结构粘结材料   D. 密封填缝材料

【答案】B

【解析】幕墙所使用材料概括起来可分为四大类型：面板材料、骨架材料、密封填缝材料和结构粘结材料。

8. ［初级］（   ）材料是易燃材料。

　　A. 单层铝板   B. 双面胶带
　　C. 石材板   D. 玻璃棉

【答案】B

【解析】玻璃棉和石材板属于难燃材料，单层铝板属于不燃材料，双面胶带属于易燃材料。

9. ［初级］建筑幕墙用耐候硅酮密封胶必须是（   ），酸碱性胶不能用，否则会对铝合金和结构硅酮密封胶带来不良影响。

　　A. 双组分胶   B. 单组分碱性胶
　　C. 单组分酸性胶   D. 单组分中性胶

【答案】D

【解析】使用酸碱性胶，对铝合金等材料易产生腐蚀作用。

10. ［初级］玻璃、铝板、石板及人造板材料一般称为（　　）。

  A. 面板材料   B. 骨架材料

  C. 结构粘结材料   D. 密封填缝材料

【答案】A

【解析】幕墙所使用材料概括起来可分为四大类型：面板材料、骨架材料、密封填缝材料和结构粘结材料。

11.［初级］建筑幕墙按（　　）可分为：玻璃幕墙、金属板幕、石材板幕墙、组合幕墙等。

  A. 面板材料   B. 结构

  C. 立面装饰形式   D. 结构粘结材料

【答案】A

【解析】建筑幕墙一般按照面板支承形式和面板材料来进行分类。幕墙按面板支承形式可分为框支承（构件式、单元式）、肋支承、点支承三种形式。

12.［初级］（　　）不属于安全玻璃。

  A. 半钢化玻璃   B. 钢化玻璃

  C. 夹层玻璃   D. 防火玻璃

【答案】A

【解析】依据国家标准《建筑用安全玻璃》GB 15763.1～4，安全玻璃主要包括防火玻璃、钢化玻璃、夹层玻璃、均质钢化玻璃。

13.［初级］型材切割机利用（　　）原理，在砂轮与工件接触处高速旋转实现切割。

  A. 锯条切割   B. 砂轮磨削

  C. 砂轮剪切   D. 锯条剪切

【答案】B

【解析】型材切割机又叫砂轮锯，通过传动机构驱动平形砂轮片切割金属工具，具有安全可靠、劳动强度低、生产效率高、切断面平整光滑等优点。适合锯切各种异型金属铝、铝合金、铜、铜合金、非金属塑胶及碳纤等材料。

14. ［初级］幕墙施工用机具的动力源主要分为(   )。

    A. 电动和气动两大类   B. 只有电动

    C. 只有气动   D. 电动、气动和液压

【答案】A

【解析】幕墙加工、施工用机具的动力源主要分为电动和气动两大类。

15. ［初级］焊工为特殊工种，需经专业安全技术学习和训练，考试合格，获得(   )后方可独立工作。

    A. 特殊工种操作证   B. 上岗证

    C. 安全证   D. 学习证

【答案】A

【解析】建筑工程项目特殊工种包括电工、电焊工、架子工、塔式起重机司机、塔式起重机指挥、施工升降机（人货电梯）司机、起重工、塔式起重机及人货电梯安装及拆除工种等。

16. ［初级］下列关于建筑密封胶（耐候胶），不正确的是(   )。

    A. 聚硫密封胶与硅酮结构密封胶相容性能好，可以配合使用

    B. 建筑硅酮密封胶主要有硅酮密封胶、聚硫密封胶

    C. 建筑硅酮密封胶有多种颜色，浅色密封胶耐紫外线性能较弱，只适用于室内工程，幕墙嵌缝宜采用深色的密封胶

    D. 聚硫密封胶不能用于隐框幕墙中空玻璃的第一道密封胶

【答案】A

【解析】聚硫密封胶多用于明框幕墙用中空玻璃密封，不起结构作用；硅酮结构密封多用于隐框、半隐框中空玻璃密封，起结构作用，二者不可配合使用。

17. ［初级］真空吸盘是用来搬运玻璃的主要工具，是利用(   )将圆盘紧紧地吸在玻璃表面上。

    A. 大气的压力   B. 重力

C. 摩擦力　　　　　　　　D. 粘力

【答案】A

【解析】真空吸盘是利用大气压力的原理实现玻璃面板的搬运。

18. ［中级］（　　）是房屋的水平承重结构，它的主要作用是承受人、家具等荷载，并把这些荷载和自重传给承重墙。

A. 墙体　　　　　　　　　B. 楼板

C. 楼梯　　　　　　　　　D. 柱

【答案】B

【解析】在建筑结构中，楼板承受水平荷载，通过梁柱等将楼面荷载传递给基础。

19. ［中级］平开窗一般分为（　　）。

A. 推拉窗、旋转窗　　　　B. 内开窗、外开窗

C. 固定窗、百叶窗　　　　D. 内开窗、旋转窗

【答案】B

【解析】平开窗按开启方向划分，主要有内开窗、外开窗两种形式。

20. ［中级］层数在 40 层以上，建筑总高度在 100m 以上为（　　）。

A. 高层建筑　　　　　　　B. 中高层建筑

C. 超高层建筑　　　　　　D. 多层建筑

【答案】C

【解析】住宅建筑按层数分类：1～3 层为低层住宅，4～6 层为多层住宅，7～9 层为中高层住宅，10 层及 10 层以上为高层住宅；除住宅建筑之外的民用建筑高度不大于 24m 者为单层和多层建筑，大于 24m 者为高层建筑（不包括建筑高度大于 24m 的单层公共建筑），建筑高度大于 100m 的民用建筑为超高层建筑。

21. ［中级］（　　）不是铝型材表面处理方法。

A. 镀锌　　　　　　　　　B. 电脉涂漆

C. 粉末喷涂　　　　　　　D. 氟碳喷涂

【答案】A

【解析】铝型材的表面处理方式有阳极氧化、电泳涂装及粉末喷涂三种处理方式，每一种方式都各有优势，占有相当的市场份额。

22. ［中级］一般情况下，窗结构用铝型材壁厚不宜低于（　　）数值。

A. 2.0mm   B. 1.4mm

C. 3.0mm   D. 1.0mm

【答案】B

【解析】铝合金窗受力构件经试验或计算确定，未经表面处理的型材最小实测壁厚不应小于1.4mm。

23. ［中级］（　　）不是天然石材。

A. 水磨石   B. 花岗岩

C. 大理石   D. 玄武岩

【答案】A

【解析】天然石材按照其生成的因素而衍生众多种类，可分为砂岩、板岩、大理石、花岗石、石灰石等。

24. ［中级］（　　）是扳拧六角螺栓、螺母的手动工具，配有多种连接附件与传动附件，适合于位置特殊、空间狭窄的场所。

A. 活扳手   B. 手动套筒扳手

C. 呆扳手   D. 电动扳手

【答案】B

【解析】手动套筒扳手配有多种连接附件与传动附件，适合于位置特殊、空间狭窄的场所。

25. ［中级］（　　）是幕墙施工常用角度测量工具。

A. 钢直尺   B. 钢卷尺

C. 角尺   D. 游标卡尺

【答案】C

【解析】测量角度的常用测量工具包括量角器、分度头、经纬仪、六分仪、角尺等。

26. [中级] 用于拧紧有力矩要求的螺母，力矩数值可以直接从(　　)指示表上读出。

A. 指示表式力矩扳手　　　　B. 手动套筒扳手

C. 呆扳手　　　　　　　　　D. 电动扳手

【答案】A

【解析】指示表式力矩扳手即通常所说的扭矩扳手，其数值可以从指示表上直接读出。

27. [中级] 电焊面罩中部镶有电焊玻璃，通过它过滤焊弧产生的(　　)，保护眼睛。在电焊玻璃的外侧还必须加一层普通玻璃。

A. g 射线　　　　　　　　　B. X 射线

C. 红外线　　　　　　　　　D. 强紫外线

【答案】D

【解析】电焊面罩是焊割作业中保护作业人员安全的工具，避免电弧产生的紫外线有害辐射，以及焊接强光对眼睛造成的伤害，杜绝电光性眼炎的发生。

28. [中级] 建筑幕墙开启窗的开启角度不宜大于(　　)角，开启距离不宜大于 300mm。

A. 15°　　　　　　　　　　B. 20°

C. 25°　　　　　　　　　　D. 30°

【答案】D

【解析】《玻璃幕墙工程技术规范》JGJ 102—2003 第 4.1.5 条中要求：开启扇的开启角度不宜大于 30°，开启距离不宜大于 300mm。

29. [中级] 幕墙生产车间进行结构胶注胶时，对生产环境的要求是室温为(　　)，相对湿度为 50%。

A. 15℃　　　　　　　　　　B. 20℃

C. 25℃　　　　　　　　　　D. 30℃

【答案】C

【解析】《建筑用硅酮结构密封胶》GB 16776—2005 给出的建筑用硅酮结构密封胶标准试验条件：温度（23±2)℃、湿度（50±5)%。

30. ［中级］单组分从注胶完毕到现场安装其总的养护期应达到(　　)d。

A. 14～21　　　　　　　　　B. 7

C. 10　　　　　　　　　　　D. 12

【答案】A

【解析】按照《建筑用硅酮结构密封胶》GB 16776—2005 要求，结构胶标准养护应在标准条件下 ［(23±2)℃、湿度（50±5)%］ 养护为佳（单组分 14～21d，双组分 7～10d）。

31. ［中级］(　　)用于结构玻璃组件装配，有单组分和双组分之分。

A. 聚硫密封胶　　　　　　　B. 氯丁密封胶

C. 硅酮密封胶　　　　　　　D. 结构密封胶

【答案】D

【解析】在建筑幕墙所用密封材料中，只有结构密封胶有单组分和双组分之分。

32. ［中级］铝塑复合板幕墙面板制作，下述技术要求正确的是(　　)。

A. 切割完面板后，应立即用水将切割碎屑冲洗干净

B. 在面板折弯切割内层铝板和聚乙烯塑料时，应保留不小于 0.3mm 厚的聚乙烯塑料

C. 铝塑复合板折边处不应设置边肋

D. 因打孔、切口等外露的聚乙烯塑料应涂刷防水涂料加以保护

【答案】B

【解析】按照《金属与石材幕墙工程技术规范》JGJ 133—2001 第 6.4.4 条及《建筑幕墙》GB/T 21086—2007，加工过程中铝塑复合板严禁与水接触。

33.〔中级〕将玻璃均匀加热到接近软化温度，用高压冷气等冷却介质使其骤冷或用化学方法对其进行离子交换，使其表面形成压力层，从而获得的机械强度高、抗震性能好的玻璃称为(　　)。

A. 钢化玻璃　　　　　　　　B. 浮法玻璃
C. 平板玻璃　　　　　　　　D. 中空玻璃

【答案】A

【解析】钢化玻璃其实是一种预应力玻璃，为提高玻璃的强度，通常使用化学或物理的方法，在玻璃表面形成压应力，玻璃承受外力时首先抵消表层应力，从而提高承载能力，增强玻璃自身抗风压性、寒暑性、冲击性等。

34.〔中级〕以高度自动化的浮法工艺生产的高级平板玻璃是(　　)。

A. 平板玻璃　　　　　　　　B. 钢化玻璃
C. 浮法玻璃　　　　　　　　D. 防火玻璃

【答案】C

【解析】浮法玻璃是选用优质的石英砂岩粉、纯碱、白云石等原料，经熔窑高温熔融，形成的玻璃液在金属液面上摊成厚度均匀平整的玻璃带，冷却硬化，退火切割而成的透明平板玻璃。

35.〔中级〕除(　　)外，不应在现场打注硅酮结构密封胶；硅酮结构密封胶不宜作为硅酮建筑密封胶使用。

A. 点支承玻璃幕墙　　　　　B. 全玻璃幕墙
C. 吊挂玻璃幕墙　　　　　　D. 隐框及半隐框玻璃幕墙

【答案】B

【解析】《玻璃幕墙工程技术规范》JGJ 102—2003 第 9.1.4 条中要求：除全玻璃幕墙外，不应在现场打注硅酮结构密封胶。

36.〔中级〕用开槽机在铝塑复合板内层铝板上开槽口，槽口深度应保留不小于(　　)厚的聚乙烯塑料，并不得划伤外层铝板的内表面。

A. 0.3mm   B. 0.4mm

C. 0.5mm   D. 0.6mm

【答案】A

【解析】依据《金属与石材幕墙工程技术规范》JGJ 133—2001 第6.4.4条规定：在切割铝塑复合板内层铝板和聚乙烯塑料时，应保留不小于0.3mm厚的聚乙烯塑料，并不得划伤外层铝板的内表面。

37. [中级] 石材幕墙单块石材面板的面积不宜大于( )。

A. 0.8m²   B. 2.0m²

C. 1.0m²   D. 1.5m²

【答案】D

【解析】依据《建筑幕墙》GB/T 21086—2007 规定：天然大理石、天然花岗石单块面积不宜大于1.5m²。

38. [中级] 短槽连接的石材面板，在有效长度内，槽口深度、槽宽、有效长度为( )。

A. 大于15mm，6mm或7mm，大于100mm

B. 大于18mm，8～16mm，100～160mm

C. 大于16mm，6～12mm，100～160mm

D. 大于18mm，8～12mm，100～140mm

【答案】A

【解析】依据《金属与石材幕墙工程技术规范》JGJ 133—2001 规定：短槽式安装的石板加工每块石板上下边应各开两个短平槽，短平槽长度不应小于100mm，在有效长度内深度不宜小于15mm；开槽宽度宜为6mm或7mm。

39. [中级] 通槽连接的石材面板，石材面板的槽口深度、槽口宽度尺寸范围是( )。

A. 大于15mm，6mm或7mm

B. 大于20mm，6mm或7mm

C. 20～25mm，6～12mm

D. 20～25mm，8～12mm

【答案】A

【解析】依据《金属与石材幕墙工程技术规范》JGJ 133—2001 规定：通槽式安装的石板加工石板的通槽宽度宜为 6mm 或 7mm。

40. ［中级］背栓连接式石板背栓的螺杆直径不小于(　　)。

A. 6.0mm B. 8.0mm

C. 10.0mm D. 5.0mm

【答案】A

【解析】依据《干挂饰面石材及其金属挂件　第二部分：金属挂件》JC 830.2—2005 规定：背栓用于室外装饰时最小截面直径不小于 4.0mm，用于室内装饰时最小截面直径不小于 3.0mm。对于室外背栓式干挂石材来说，一般直径不小于 6mm，材质应按设计要求选用且不低于 304 材质。

41. ［中级］使用双组分胶的玻璃板块与试样的养护环境温度、相对湿度为(　　)。

A. 10～30℃、35％～75％ B. 5～48℃、35％～75％

C. 10～48℃、35％～75％ D. 30～48℃、35％～75％

【答案】A

【解析】注胶后的板材应在静置场养护，养护场地要求：双组分结构胶温度为 10～30℃，相对湿度为 35％～75％，否则会影响结构胶的固化效果。

42. ［中级］使用单组分胶的玻璃板块与试样的养护环境温度、相对湿度为(　　)。

A. 10～30℃、35％～75％ B. 5～48℃、35％～75％

C. 10～48℃、35％～75％ D. 30～48℃、35％～75％

【答案】B

【解析】注胶后的板材应在静置场养护，养护场地要求：单组分结构胶温度为 5～48℃，相对湿度为 35％～75％，否则会影响结构胶的固化效果。

43. ［中级］明框幕墙玻璃下边缘与下边框槽底之间应采用

硬橡胶垫块衬托，垫块厚度、长度不应小于(   )。

A. 5mm、100mm   B. 10mm、100mm

C. 5mm、150mm   D. 10mm、150mm

【答案】A

【解析】依据《玻璃幕墙工程技术规范》JGJ 102—2003 第 4.3.11 条：明框幕墙玻璃下边缘与下边框槽底之间应采用硬橡胶垫块衬托，垫块数量应为 2 个，厚度不应小于 5mm，每块长度不应小于 100mm。

44.〔中级〕单元式玻璃幕墙按单元部件间接口形式划分，比较常见的是(   )。

A. 搭接型   B. 连接型

C. 插接型   D. 对接型

【答案】C

【解析】按《建筑幕墙》GB/T 21086—2007 第 4.1.4.3 条规定：单元式玻璃幕墙按单元部件间接口形式划分可分为连接型、插接型、对接型三种形式，目前最为常用的是插接型。

45.〔中级〕下列玻璃品种，不是建筑幕墙常用的是(   )。

A. 钢化玻璃   B. 夹胶玻璃

C. 防火玻璃   D. 有机玻璃

【答案】D

【解析】玻璃幕墙用玻璃必须是安全玻璃，安全玻璃包括钢化玻璃、夹胶玻璃，防火玻璃也属于安全玻璃。

46.〔中级〕耐候硅酮密封胶必须是(   )，酸碱性胶不能使用，否则会对铝合金和硅酮结构密封胶带来不良影响。

A. 双组分胶   B. 单组分碱性胶

C. 单组分酸性胶   D. 单组分中性胶

【答案】D

【解析】使用酸碱性胶，对铝合金等材料易产生腐蚀作用。

47.〔高级〕注胶后的成品结构玻璃组件可采用(   )试验检验结构密封胶的固化程度。

A. 蝴蝶 　　　　　　　 B. 切胶

C. 剥离 　　　　　　　 D. 胶杯

【答案】B

【解析】注胶后的成品玻璃组件应抽样做切胶剥离试验，检验粘结牢固性和固化程度。

48. ［高级］隐框或横向半隐框玻璃幕墙及隐框开启扇玻璃组件，每块玻璃的下端应设置两根铝合金或不锈钢托条。托条长度和厚度最小尺寸应为（　　）。

A. 100mm、2mm 　　　 B. 150mm、2mm

C. 100mm、3mm 　　　 D. 150mm、3mm

【答案】A

【解析】依据《玻璃幕墙工程技术规范》JGJ 102—2003 第5.6.6 条：隐框或横向半隐框玻璃幕墙，每块玻璃的下端应设置不少于两个铝合金或不锈钢托条，托条和玻璃面板水平支承构件之间应可靠连接。托条应能承受该分格玻璃的重力荷载设计值。托条长度不应小于 100mm，厚度不应小于 2mm。托条上宜设置衬垫。中空玻璃的托条应托住外片玻璃。

49. ［高级］用单组分结构密封胶涂胶的组件在规定环境中养护 21d 以上，应对试验样品进行（　　）。

A. 扯断实验 　　　　　 B. 蝴蝶试验

C. 剥离试验 　　　　　 D. 切开试验

【答案】C

【解析】根据玻璃幕墙的现场实际情况，测试单组分结构胶在玻璃、铝型材、陶瓷、钢材、不锈钢等材料间的粘结强度。

50. ［高级］幕墙发生渗漏应具备三个要素：缝隙、（　　）、作用，这三个要素中如果解决一项要素，渗漏就不会发生。

A. 水 　　　　　　　　 B. 阳光

C. 风 　　　　　　　　 D. 温度

【答案】A

【解析】幕墙发生渗漏应具备三个条件：水、缝隙和压力差

（作用）。

51. ［高级］头部安全防护用品主要是(　　)，它能使冲击分散到尽可能大的表面，并使高空坠落物向外侧偏移。

A. 防尘口罩　　　　　　　B. 防毒面具

C. 护目镜　　　　　　　　D. 安全帽

【答案】D

【解析】防护用品，是保护劳动者在生产过程中人身安全与健康所必备的一种防御性装备，对于减少职业危害起着相当重要的作用。安全帽是用于保护头部，防撞击、挤压伤害的护具。

52. ［高级］对装配要求特别高的幕墙铝型材应选用(　　)。

A. 高精级　　　　　　　　B. 普通级

C. 普精级　　　　　　　　D. 超高精级

【答案】D

【解析】建筑幕墙用铝合金型材精度为高精级，若装配要求特别高的，应该选择超高精级。

53. ［高级］(　　)的固化机理是向基胶中加入固化剂并充分搅拌混合以触发密封胶固化，固化时里同时进行固化反应。

A. 双组分结构胶　　　　　B. 单组分结构胶

C. 单组分酸性胶　　　　　D. 单组分中性胶

【答案】A

【解析】双组分结构胶是由 AB 组分组成，A 组为硅酮胶（白色），B 组为固化剂（黑色）。如果单独使用 A 组是无法达到固化和粘结效果的，必须要 AB 搭配使用才可以，正常比例为 7：1，使用前必须将 AB 组分搅匀，否则效果无法达到理想效果。

54. ［高级］注完胶的结构玻璃组件(　　)。

A. 应抽样做剥离试验

B. 可以搬运、安装施工

C. 应抽样做切胶试验

D. 应及时移至静置场地静置养护

【答案】D

【解析】注完胶的玻璃不许振动，应平搬至养护车间养护。双组分结构胶静置3～5d、单组分结构胶静置7d后才能运输。未完全固化的玻璃组件不能搬运，以免粘结力下降；完全固化后，玻璃组件可装箱运至安装现场，但还需在安装现场放置，使其达到总的养护期要求。

55.［高级］清洁后的基材应在(　　)min内注胶完毕。

A. 45　　　　　　　　　B. 15～30

C. 30～45　　　　　　　D. 60

【答案】B

【解析】清洁是保证玻璃与铝型材粘结力的关键工序，也是幕墙安全性、可靠性的主要技术措施之一；所有与注胶处有关的施工表面都必须清洗，保证清洁、无灰、无污、无油、干燥。清洁后的基材要求必须在15～30min内进行注胶，否则要进行第二次清洁。

56.［高级］(　　)是按照施工工艺的要求，由单一的专业工种组成的班组，如打胶班、包装班等。

A. 特定班组　　　　　　B. 青年突击队

C. 混合班组　　　　　　D. 专业班组

【答案】D

【解析】班组是在劳动分工的基础上，把生产过程中相互协同的同工种工人、相近工种或不同工种工人组织在一起，从事生产活动的一种组织。班组是企业中的基本作业单位，是企业内部最基层的劳动和管理组织。

57.［高级］使用机具进行施工，务必严格遵守安全操作规程，及时对施工机具进行有效的、良好的维护、维修和保养。以下叙述不正确的是(　　)。

A. 避免在使用中发生事故　　B. 提高机具的利用率

C. 延长使用寿命　　　　　　D. 对成本支出没有影响

【答案】D

【解析】及时对施工机具进行有效的良好的维护、维修和保养，还可降低成本的支出。

58. ［高级］(   )提醒人们对周围环境引起注意，以避免可能发生的危险。其基本形式是正三角形边框，配黄底黑边图案。

A. 警告标志　　　　　　　　B. 禁止标志

C. 指令标志　　　　　　　　D. 提示标志

【答案】A

【解析】根据《安全标志及其使用导则》GB 2894—2008，国家规定了四类传递安全信息的安全标志：禁止标志表示不准或制止人们的某种行为；警告标志使人们注意可能发生的危险；指令标志表示必须遵守，用来强制或限制人们的行为；提示标志示意目标地点或方向。正确使用安全标志，可以使人员能够及时得到提醒，以防止事故、危害发生以及人员伤亡，避免造成不必要的麻烦。

(三) 多选题

1. ［初级］建筑幕墙的基本特征是(   )。

A. 具有面板　　　　　　　　B. 具有支承结构体系

C. 不承担主体结构作用　　　D. 能够适应主体结构变形

【答案】ABCD

【解析】建筑幕墙是由面板与支承结构体系组成，具有规定承载能力、变形能力和适应主体结构位移能力，不分担主体结构所受作用的建筑外围护墙体结构或装饰性结构。

2. ［初级］下列属于人造板幕墙用面板材料的是(   )。

A. 陶板　　　　　　　　　　B. 瓷板

C. 纤维水泥板　　　　　　　D. 石材蜂窝板

【答案】ABCD

【解析】人造板材幕墙按面板种类，可分为瓷板幕墙、陶板幕墙、微晶玻璃板幕墙、石材蜂窝板幕墙、纤维水泥板幕墙、木纤维板幕墙。

3. ［初级］幕墙所使用材料概括起来可分为四大类型，主要包括(　　　)。

A. 面板材料 　　　　　　　　B. 骨架材料

C. 密封填缝材料 　　　　　　D. 结构粘结材料

【答案】ABCD

【解析】幕墙所使用材料概括起来可分为面板材料、骨架材料、密封填缝材料、结构粘结材料四大类型。

4. ［初级］钻孔类机具主要是手持式电动机具，包括(　　　)。

A. 手电钻 　　　　　　　　　B. 冲击钻

C. 锤钻 　　　　　　　　　　D. 角磨机

【答案】ABC

【解析】角磨机不属于钻孔类机具。

5. ［初级］建筑幕墙的四项物理性能，主要包括(　　　)。

A. 风压变形性能 　　　　　　B. 平面变形性能

C. 空气渗透性能 　　　　　　D. 雨水渗漏性能

【答案】ABCD

【解析】建筑幕墙基本的四项物理性能。若是铝合金门窗，仅包括风压变形、空气渗透、雨水渗漏三项性能。

6. ［初级］铝合金型材表面处理方式主要包括(　　　)。

A. 电泳涂漆 　　　　　　　　B. 粉末喷涂

C. 氟碳漆喷涂 　　　　　　　D. 热镀锌

【答案】ABC

【解析】电泳涂漆、粉末喷涂、氟碳漆喷涂是铝合金型材表面主要处理方式。

7. ［初级］幕墙施工图、加工图包含内容较多，常出现(　　　)两种制图标准并存的现象。

A. 结构 　　　　　　　　　　B. 建筑

C. 机械 　　　　　　　　　　D. 装饰

【答案】BC

【解析】幕墙制图包括建筑制图和机械制图两种，建筑幕墙平、立、剖及节点大样图等一般属于建筑制图；零配件加工一般属于机械制图。

8. ［初级］幕墙构件基本加工操作包括(   )。

A. 下料切割作业　　　　　　 B. 冲切作业

C. 钻孔作业　　　　　　　　 D. 锣榫加工作业

【答案】ABCD

【解析】幕墙基本加工操作主要包括下料切割作业、冲切作业、钻孔作业、锣榫加工作业四个部分。

9. ［初级］建筑幕墙主要按(   )进行分类。

A. 支承结构形式　　　　　　 B. 密闭形式

C. 面板材料　　　　　　　　 D. 面板支承形式

E. 单元部件间接口形式

【答案】ABCDE

【解析】依据《建筑幕墙》GB/T 21086—2007，给出了上述五种幕墙分类的形式。

10. ［中级］构件式玻璃幕墙按面板支承框架显露程度分类可分为(   )三种形式。

A. 点支承玻璃幕墙　　　　　 B. 明框玻璃幕墙

C. 半隐框玻璃幕墙　　　　　 D. 隐框玻璃幕墙

【答案】BCD

【解析】依据《建筑幕墙》GB/T 21086—2007 第 4.1.4.1 条，构件式玻璃幕墙按面板支承形式分为明框玻璃幕墙、半隐框玻璃幕墙、隐框玻璃幕墙。

11. ［中级］瓷板加工的主要工作内容是(   )。

A. 切割　　　　　　　　　　 B. 开槽

C. 钻背栓孔　　　　　　　　 D. 刨削

【答案】ABC

【解析】按照《人造板材幕墙工程技术规范》JGJ 336—2016 第 8.4 条规定，瓷板加工主要包括切割、开槽、钻孔。

12. 〔中级〕双组分结构胶初步固化时间和完全固化时间分别为( )d。

A. 7 B. 14

C. 21 D. 28

【答案】AB

【解析】在标准条件下〔(23±2)℃、湿度（50±5)％〕，通常双组分结构胶初步固化时间为7d，使用双组分结构胶完全固化时间为14d。

13. 〔中级〕单组分结构胶初步固化时间和完全固化时间分别为( )d。

A. 7 B. 14

C. 21 D. 28

【答案】BC

【解析】在标准条件下〔(23±2)℃、湿度（50±5)％〕，通常单组分结构胶初步固化时间为14d，使用单组分结构胶完全固化时间为21d。

14. 〔中级〕使用双组分结构胶的玻璃板块与试样的养护环境温度、相对湿度分别为( )。

A. 10～30℃ B. 35％～75％

C. 10～48℃ D. 45％～75％

【答案】AB

【解析】注胶后的板材应在静置场养护，养护场地要求：双组分结构胶温度为10～30℃，相对湿度为35％～75％，否则会影响结构胶的固化效果。

15. 〔中级〕使用单组分结构胶的玻璃板块与试样的养护环境温度、相对湿度分别为( )。

A. 10～30℃ B. 5～48℃

C. 35％～75％ D. 45％～75％

【答案】BC

【解析】注胶后的板材应在静置场养护，养护场地要求：单组分结构胶温度为 5～48℃，相对湿度为 35％～75％，否则会影响结构胶的固化效果。

16. ［中级］双组分结构胶应按产品说明书，进行基料和固定剂的配置、混合并搅拌均匀。并按规定做(　　)，试验合格后方可注胶。

A. 剖切试验　　　　　　　　B. 蝴蝶试验

C. 相容试验　　　　　　　　D. 扯断试验

【答案】BD

【解析】蝴蝶试验是用来检查双组分结构胶的基料和固化剂是否充分混合均匀的试验方法；扯断试验是用来检查双组分结构胶的基料和固化剂配合比及确定可工作时间的试验方法。

17. ［中级］单元式玻璃幕墙按单元部件间接口形式划分，分为(　　)。

A. 搭接型　　　　　　　　　B. 连接型

C. 插接型　　　　　　　　　D. 对接型

【答案】BCD

【解析】按《建筑幕墙》GB/T 21086—2007 第 4.1.4.3 条规定：单元式玻璃幕墙按单元部件间接口形式划分可分为连接型、插接型、对接型三种形式。

18. ［中级］下列关于铝塑复合板加工制作工艺的叙述，正确的是(　　)。

A. 铝塑复合板下料前应进行优化计算，提高铝塑复合板的成材率

B. 铝塑复合板开槽槽口深度应保留不小于 0.3mm 厚的聚乙烯塑料，并不得划伤外层铝板的内表面

C. 折边宜采用先开槽后折弯的方法，不宜采用压型工艺

D. 加工过程中铝塑复合板严禁与水接触

【答案】ABCD

【解析】按照《金属与石材幕墙工程技术规范》JGJ 133—2001 第 6.4.4 条及《建筑幕墙》GB/T 21086—2007，铝塑复合

板加工应满足上述规定。

19. ［中级］下列关于单层铝板加工制作工艺的叙述，正确的是( )。

A. 单层铝板折弯加工时，折弯外圆弧半径不应小于板厚的1.5倍

B. 单层铝板采用开槽折弯时，应控制刻槽深度，保留的铝材厚度不应小于1.0mm

C. 单层铝板加强肋的固定可采用电栓钉

D. 单层铝板固定耳板可采用焊接、铆接或在铝板边上直接冲压而成

【答案】ABCD

【解析】按照《金属与石材幕墙工程技术规范》JGJ 133—2001第6.4条及《建筑幕墙》GB/T 21086—2007，铝单板加工应满足上述规定。

20. ［高级］铝门窗幕墙加工时，操作旋转机械的人员，应穿"三紧"工作服，指的是( )。

A. 袖口紧　　　　　　　　B. 下摆紧

C. 裤脚紧　　　　　　　　D. 领口紧

【答案】ABC

【解析】目的是防止被绞缠及飞屑掉入衣内。

21. ［高级］( )是现代建筑的四大材料。

A. 玻璃　　　　　　　　　B. 钢材

C. 水泥　　　　　　　　　D. 木材

【答案】ABCD

【解析】传统建筑材料主要有石材、木材、黏土砖瓦、石灰和石膏，现代建筑材料有钢材、水泥、混凝土、玻璃、塑料。它们各具特色，在建筑中发挥着自己举足轻重的作用。

22. ［高级］高空坠落防护用品主要是( )。

A. 安全带　　　　　　　　B. 安全绳

C. 安全网　　　　　　　　D. 安全帽

【答案】ABC

【解析】在安全法规中，"高处"被定义为自由跌落距离超过2m的工作位置，需要采取坠落防护措施，主要包括个人坠落防护系统——安全带、缓冲系统——安全网及安全绳。

23.［高级］使用双组分结构胶的玻璃板块应固化7d，在玻璃板块完全固化后进行实物剥离试验，下列描述正确的是（   ）。

A. 每100件随机抽取1件

B. 板块制作时每100件多制作一件

C. 如果发现胶体与基片剥离，则剥离试验不合格，该批板块被判为不合格

D. 检验时抽样10%，并不少于5件

【答案】ABC

【解析】在结构玻璃板块制作中，应按随机抽样原则，每100件制作两个剥离试样，每超过100件其尾数加做一个试样；在玻璃板块完全固化后，每100件随机抽取一件进行玻璃试验，如不合格，该批板块则被判为不合格。其余项目检验抽样10%，并不少于5件。

24.［高级］下列关于背栓连接式石板加工制作要求，正确的是（   ）。

A. 背栓的螺杆直径不宜小于6.0mm

B. 可采用压入或旋转方式植入锚栓

C. 背栓与背栓孔间宜采用尼龙等间隔材料，防止硬性接触

D. 背栓孔宜采用专用钻孔机械成孔及专用测孔器检查

【答案】ABCD

【解析】背栓成孔采用机械进行，背栓采用敲击或旋入式植入，背栓与石材间衬有尼龙衬垫；《干挂饰面石材及其金属挂件 第二部分：金属挂件》JC 830.2—2005规定：室外背栓最小直径不应小于4mm，但目前我国幕墙行业用背栓最小直径普遍为6mm。

（四）案例题

1. 已知条件：铝合金材料线膨胀系数 α 是 2.35×10^{-5} $(1/\text{℃})$，钢材线膨胀系数 α 是 $1.2 \times 10^{-5}(1/\text{℃})$。铝型材断面积 1957.32mm^2，铝合金密度 2710kg/m^3，该型材定尺 6m，共 60 支。

（1）判断题

1）〔初级〕铝合金比钢材重。

【答案】错误

2）〔中级〕铝合金伸缩量比钢材大。

【答案】正确

（2）单选题

1）〔初级〕该批型材的理论重量是（　　）。

A. 19094.4kg　　　　　　B. 190.944kg

C. 1909.44kg　　　　　　D. 190944kg

【答案】C

2）〔初级〕若幕墙年温度变化值为 80℃，单根 6m 长铝合金型材的最大伸长量是（　　）。

A. 11.28mm　　　　　　B. 1.128mm

C. 112.8mm　　　　　　D. 1128mm

【答案】A

（3）多选题

〔高级〕对于钢型材和铝合金型材，下列说法正确的是（　　）。

A. 钢材常用作金属与石材幕墙支承龙骨，表面一般采用热镀锌处理

B. 铝合金型材表面有三种处理形式，分别是电泳涂漆、粉末喷涂、氟碳漆喷涂

C. 钢铝接触部位应加柔性衬垫，防止电偶腐蚀

D. 钢型材比铝型材重

【答案】ABC

2. 背栓连接式石板加工制作有以下要求：①背栓的螺杆直径不小于 6.0mm。锚固深度不宜小于石材厚度的 1/2，也不宜大于石材厚度的 2/3。②锚孔距石材面板边缘的距离 b_x、b_y 应满足以下要求：$l_x/5 \leqslant b_x$ 且 $b_x \leqslant l_x/4$，$l_y/5 \leqslant b_y$ 且 $b_y \leqslant l_y/4$（见下图）。

现有花岗岩石材面板规格 800mm×1000mm，30mm 厚，请回答以下问题。

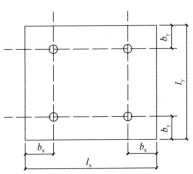

（1）判断题

1）[初级] 背栓开孔深度最大可达 20mm。

【答案】正确

2）[初级] 背栓距石材面板边缘长边方向最大距离为 250mm。

【答案】正确

（2）单选题

1）[初级] 背栓距石材面板边缘短边方向最大距离是（   ）。

A. 150mm   B. 250mm

C. 200mm   D. 160mm

【答案】C

2）[初级] 背栓开孔深度的范围应是（   ）。

A. 10～20mm   B. 15～20mm

C. 15～25mm   D. 10～25mm

【答案】B

（3）多选题

［高级］关于背栓连接石材面板加工制作要求，下列说法正确的是（ ）。

A. 背栓孔宜采用专用钻孔机械成孔

B. 可采用压入或旋转方式植入锚栓

C. 背栓的螺杆直径不小于 6.0mm

D. 背栓与背栓孔间宜采用尼龙等间隔材料，防止硬性接触

【答案】ABCD

3. 明框玻璃幕墙铝合金型材在挤压时已挤压出镶嵌槽，用以镶嵌玻璃。已知 8mm 厚单层钢化玻璃与槽口间最小间隙 4.5mm，玻璃板块尺寸 1200mm×1000mm，玻璃线膨胀系数 α 是 1.0×10^{-5}（1/℃），铝合金线膨胀系数 α 是 2.35×10^{-5}（1/℃），长度 3.2m。

（1）判断题

1）［初级］铝合金型材镶嵌槽槽口间最小缝隙 12.5mm。

【答案】错误

2）［中级］铝型材最大伸缩量是 6.00mm。

【答案】错误

（2）单选题

1）［中级］铝合金型材镶嵌槽槽口间最小缝隙是（ ）。

A. 12.5mm   B. 10mm

C. 17mm   D. 20mm

【答案】C

2）［中级］铝型材最大伸缩量是（ ）。

A. 6mm   B. 7.52mm

C. 60mm   D. 75.2mm

【答案】B

（3）多选题

［高级］根据题意，下列说法正确的是（ ）。

A. 玻璃下部应衬两块氯丁橡胶垫块，长度不小于 100mm

B. 玻璃宜均质处理或采用超白玻璃

C. 铝型材伸缩量与长度无关

D. 玻璃的伸缩量大

【答案】AB

4. 某工程项目，由于立面局部位置临时封堵的需要，需要加工一批铝塑复合板，根据铝塑复合板加工制作相关内容，回答以下问题。

(1) 判断题

1) ［初级］严格按照施工设计图纸编制铝塑复合板加工工艺卡。

【答案】正确

2) ［初级］铝塑复合板下料前应进行优化计算，提高铝塑复合板的成材率。

【答案】正确

(2) 单选题

1) ［初级］铝塑复合板折弯采取的工艺是(　　　)。

A. 先开槽后折弯　　　　　　B. 压型工艺

C. 压制工艺　　　　　　　　D. 弯折工艺

【答案】A

2) ［中级］铝塑复合板折边处连接铝角码，折边处钻孔最小孔径 d 及至板边缘的尺寸是(　　　)。

A. 6mm，1.5d　　　　　　B. 4mm，1.5d

C. 6mm，2.0d　　　　　　D. 6mm，2.0d

【答案】B

(3) 多选题

［中级］下列关于铝塑复合板加工制作工艺的叙述，正确的是(　　　)。

A. 铝塑复合板下料前应进行优化计算，提高铝塑复合板的成材率

B. 铝塑复合板开槽槽口深度应保留不小于 0.3mm 厚的聚乙烯塑料，并不得划伤外层铝板的内表面

C. 折边宜采用先开槽后折弯的方法，不宜采用压型工艺

D. 普通铝塑复合板的滚弯半径宜大于板总厚度的 10 倍

【答案】ABCD

5. 某工程项目，立面采用石材幕墙和内凹铝合金窗的构造，窗与石材墙面采用转角石材收边收口，并需工厂组拼加工制作。根据石材组拼加工制作和防护的相关内容，回答以下问题。

（1）判断题

1）［高级］石材转角组拼应采用钢销连接，严禁无销粘接。

【答案】错误

2）［高级］较大尺寸的转角组拼，应在组拼的石材背面阴角或阳角处加设不锈钢或铝合金型材支承件组装固定。

【答案】正确

（2）单选题

1）［中级］不锈钢、铝合金型材支承件的厚度应不小于（   ）。

A. 3mm，3mm   B. 2mm，2mm

C. 2mm，3mm   D. 3mm，2mm

【答案】C

2）［中级］支撑组件的间距最大尺寸及支撑组件的最少数量为（   ）。

A. 400mm，2   B. 400mm，3

C. 500mm，2   D. 500mm，3

【答案】D

（3）多选题

［中级］下列关于石材面板及防护的叙述，正确的是（   ）。

A. 石材防护剂应与密封胶、锚固胶相容

B. 石材幕墙用花岗岩面板最小厚度为 20mm

C. 石材幕墙用石材面板可以选用花岗石，也可选用大理石

D. 石材的抗弯强度不应小于 10MPa

【答案】AC

6. 隐框、半隐框结构玻璃组件的加工制作需要在车间进行（见下图），尤其结构胶的养护应在洁净、通风且环境温度、湿度符合规范要求的条件进行，根据隐框、半隐框结构玻璃组件加工制作的相关内容，回答以下问题。

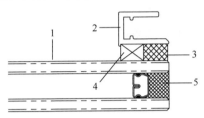

1—玻璃；2—铝合金副框；3—结构胶；
4—双面帖；5—中空结构胶

（1）判断题

1）[初级] 硅酮密封胶注胶前必须取得合格的相容性检验报告，必要时应加涂底漆。

【答案】正确

2）[初级] 隐框或横向半隐框玻璃幕墙，每块玻璃的下端应设置两根铝合金或不锈钢托条。

【答案】正确

（2）单选题

1）[中级] 双组分结构胶初步固化时间和完全固化时间分别为（   ）d。

A. 7，14   B. 14，14
C. 14，21   D. 21，21

【答案】A

2）[中级] 单组分结构胶初步固化时间和完全固化时间分别为（   ）d。

A. 7，14   B. 14，21

C. 7，21   D. 14，28

【答案】B

3）多选题

［中级］使用单组分、双组分胶的玻璃板块与试样的养护环境温度、相对湿度为(   )。

A. 5～48℃，35％～75％   B. 10～30℃，35％～75％

C. 10～48℃，45％～75％   D. 10～30℃，45％～75％

【答案】AB

参 考 文 献

［1］ 建设部. 玻璃幕墙工程技术规范 JGJ 102—2003［S］. 北京：中国建筑
工业出版社，2004.

［2］ 建设部. 金属与石材幕墙工程技术规范 JGJ 133—2001［S］. 北京：中
国建筑工业出版社，2004.

［3］ 国家质量监督检验检疫总局，国家标准化管理委员会. 建筑幕墙 GB/T
21086—2007［S］. 北京：中国标准出版社，2008.

［4］ 住房和城乡建设部. 建筑设计防火规范 GB 50016—2014［S］. 北京：
中国计划出版社，2015.

［5］ 住房和城乡建设部. 建筑玻璃应用技术规程 JGJ 113—2015［S］. 北
京：中国建筑工业出版社，2016.

［6］ 住房和城乡建设部. 人造板材幕墙工程技术规范 JGJ 336—2016［S］.
北京：中国建筑工业出版社，2016.

［7］ 国家质量监督检验检疫总局，国家标准化管理委员会. 建筑幕墙术语
GB/T 34327—2017［S］. 北京：中国标准出版社，2018.

［8］ 江苏省建设厅. 江苏省建筑安装工程施工技术操作规程 DGJ32/J47—
2006［S］. 北京：中国城市出版社，2006.